绿色数据中心供电系统

金 科　阮新波　著

科学出版社
北京

内 容 简 介

　　本书阐述了数据中心的发展历程以及目前数据中心供电系统的解决方案，指出了目前供电系统存在的主要问题。从未来云计算和绿色数据中心对供电系统的要求出发，阐述了未来数据中心供电系统结构的发展趋势，并对供电系统的各个组成变换器进行深入分析，提出合适的解决方案，最后提出整个供电系统的能量管理策略，为设计未来数据中心供电系统提供了理论依据。

　　本书可作为高等院校相关专业的本科生和研究生的参考用书，也可供IT企业决策人员，数据中心机房规划设计人员、使用维护人员以及众多的UPS市场营销人员阅读，还可供科研单位及相关企业的产品研制开发人员参考。

图书在版编目(CIP)数据

绿色数据中心供电系统/金科，阮新波著 .—北京：科学出版社，2014.2
ISBN 978-7-03-039795-9

Ⅰ.①绿… Ⅱ.①金…②阮… Ⅲ.①机房-供电系统-节能设计　Ⅳ.①TP308

中国版本图书馆 CIP 数据核字(2014)第 030039 号

责任编辑：余　江　张丽花／责任校对：张怡君
责任印制：张　伟／封面设计：迷底书装

科学出版社 出版
北京东黄城根北街 16 号
邮政编码：100717
http://www.sciencep.com

北京凌奇印刷有限责任公司 印刷
科学出版社发行　各地新华书店经销

*

2014 年 2 月第 一 版　开本：720×1000　B5
2022 年 3 月第六次印刷　印张：13 3/4
字数：277 000

定价：98.00 元
(如有印装质量问题，我社负责调换)

前　言

　　随着计算机网络技术的不断发展和社会信息化程度的逐步提高,电信、政府、教育、金融等各行各业对数据处理的要求越来越高,作为海量数据承载和传输媒体的数据中心逐渐成为信息中心的枢纽。良好的供电系统是数据中心可靠稳定运行的保证。目前的数据中心能耗十分严重,因此,绿色数据中心因其低碳节能的理念而备受关注。为了适应绿色数据中心的要求,其供电系统也要实现绿色化。因此研究高可靠性、高效率、高功率密度的绿色数据中心供电系统具有十分重要的意义。

　　数据中心供电系统实现绿色化主要有两个思路:一是提高电力传输链的效率;二是增加新的电能来源。前者可以通过优化系统结构和功率变换环节效率来实现;后者可以通过在供电系统中引入太阳能、风能等可再生能源来实现。本书主要针对这两个思路对绿色数据中心双直流母线供电系统进行了详细阐述,介绍了近年来我们实验室所取得的研究成果和未来研究方向及思路。恳请电力电子与电源界的各位前辈和同行批评指正,提出宝贵意见和建议。

　　本书共分 11 章。第 1 章介绍数据中心的概念和发展历程,阐述目前数据中心存在的问题以及未来发展趋势,并对其中两大发展趋势——云计算数据中心和绿色数据中心进行详细介绍;还介绍数据中心供电系统的概况,包括目前的数据中心供电系统构成、存在的问题以及绿色数据中心对供电系统提出的要求。第 2 章介绍数据中心供电系统结构的研究现状,对比了数据中心交流供电系统和不同母线电压等级的直流供电系统,得出双直流母线供电系统最适合于绿色数据中心的结论,并对该系统中的各接口单元进行简单介绍。第 3 章提出一种单级式隔离型双向 AC/DC 变换器拓扑作为电网接口单元,分析其工作原理、控制策略以及参数设计方法。第 4 章介绍一种由 boost 和全桥 LLC 谐振变换器组成的两级式高升压比变换器作为光伏接口单元,并且采用扰动观察法实现实时最大功率点跟踪。第 5 章提出一种复合式全桥三电平 LLC 谐振变换器作为燃料电池接口单元,对变换器的工作原理、特性进行详细分析,该变换器可以工作在三电平和两电平模式,在很宽的输入电压范围内高效工作。第 6 章提出一种三电平 Buck/Boost 双向变换器作为蓄电池接口单元,它采用双向稳压或限流控制,可自由切换模式,具有动态特性高、器件电压应力低的优点。第 7 章提出一种改进型 PWM ZVS 三电平直流变换器作为高压母线变换器,它利用箝位二极管消除了输出整流管的电压尖峰,同时保留原来的 ZVS PWM 三电平变换器的优点,适合于高压输入的场合。第 8 章提出一种磁集成自驱动非隔离 ZVS 全桥 DC/DC 变换器作为电压调节模块,采用自驱动技术,消除了 SR 驱动电路;采用磁集成的技术,利用变压器的励磁电感作为输出滤波电感,提高了变换器的功率密度;同时可以实现功率管的零电压开关。第 9 章提出一种正激式开关电容调节器和一种反激式开关电容调节器作为负载点变换器,这两种变换器单相工作灵活、功率密度高,适合于低压大电流的应用场合。第 10 章介绍一族开关电容调节器的推导方法,每个变换器都是开关电容变换器和调压变换器的结合,并针对其中一种隔离型开关电容调节器进行了详细分析和实验验证。第 11 章阐述整个供电系统的能量管理策略,提出了一种变母线电压的控制策略来提高系统效率。

作者在美国弗吉尼亚理工大学进行博士后研究期间,Fred C Lee 教授和徐明副教授对作者进行指导和资助,提出大量宝贵意见,给予了极大的支持和鼓励,在此对他们表示诚挚的敬意。孙巨禄、王川云、孙毅为课题的研究做出了贡献,在此对他们表示感谢。

作者所在南京航空航天大学课题组的老师和同学先后参与了研究工作,他们是陈乾宏、周林泉、王建冈、许大宇、马运东、刘福鑫、张之梁、任小永和方天治老师;顾玲、杨孟雄、徐敏、王伟、饶勇、曹文静、蒋皓、刘志军、朱宏、任亮亮、王晶晶等同学。他们努力、勤奋,付出了劳动和心血,为课题的研究做出了重要贡献。在本书的写作过程中,顾玲同学整理并校阅了全部书稿。在此对他们表示衷心感谢。

本项研究工作得到国家自然科学基金、霍英东教育基金、江苏省自然科学基金杰出青年基金、教育部博士点基金等的资助,在此也表示衷心的感谢。

本书的出版得到了科学出版社的大力支持,特此致谢!

作　者

2013 年 11 月于南京

目　　录

第1章 绪　　论

1.1　数据中心的概况

1.1.1　数据中心的定义

随着网络和信息技术的快速发展和成熟应用,电信、金融、政府、石化、能源、教育等各行各业对数据处理的要求越来越高,作为海量数据承载和传输媒体的数据中心逐渐成为信息中心的枢纽。关于数据中心的定义,目前有很多不同的说法。维基百科给出的定义是:数据中心是一整套复杂的设施。它不仅包括计算机系统和其他与之配套的设备(如通信和存储系统),还包含冗余的数据通信连接、环境控制设备、监控设备以及各种安全装置。谷歌在其发布的 *The Datacenter as a Computer* 一书中,将数据中心解释为"多功能的建筑物,能容纳多个服务器以及通信设备。这些设备被放置在一起是因为它们具有相同的对环境的要求以及物理安全上的需求,并且这样放置便于维护",而"并不仅仅是一些服务器的集合"。还有一种对数据中心普遍认可的定义:数据中心可以是一个建筑物或建筑物的一个部分,主要用于设置计算机房及其支持空间。数据中心内放置核心的数据处理设备,是企业的大脑。数据中心的建立是为了全面、集中、主动并有效地管理和优化 IT 基础架构,实现信息系统高水平的可管理性、可用性、可靠性和可扩展性,保障业务的顺畅运行和服务的及时提供。

1.1.2　数据中心的发展历程

1946 年,世界上第一台电子数字积分计算机(Electronic Numerical Integrator And Computer,ENIAC)在美国宣告诞生。这台专为美国弹道研究实验室存储火力表而研制的计算机有 30 个操作台,占地面积约 $170m^2$,相当于 10 间普通房间的大小。该计算机拥有 17468 个真空管、7200 个水晶二极管以及上万个电阻器和电容器,每秒能执行 5000 次加法和 400 次乘法,其计算速度是手工计算的 20 万倍、继电器计算机的 1000 倍。而在当时没有其他的计算机有能力完成此重任,ENIAC 成为数据中心的发展雏形[1,2]。

1. 早期机房——大型机时代(1960~1990 年)

1) 1960~1969 年

1954 年,世界上第一台使用晶体管线路的计算机在美国贝尔实验室研制成功,这台取名为"催迪克"(TRADIC)的计算机共装有 800 个晶体管。1964 年,世界上首台超级计算机"CDC6600"由控制数据公司(Control Data Corporation)研制出。该超级计算机也是现代超级计算数据中心的鼻祖,由西摩·克雷(Seymour Cray)为伦斯辐射实验室而设计。"CDC6600"采用管线标量架构,在这种架构中,由一个CPU交替处理指令的读取、解码和执行,每个时钟周期处理一条指令。因此,它从诞生起至1969年,一直是世界上最快的计算机,直到西摩·克雷设计出世界上第二台超级计算机。

这个时期的计算机器件组成主要以电子管、晶体管为主,体积大,耗电大,主要运用于科学研究或国防军事机构。在这个时期诞生了第一代的数据机房,UPS、精密机房专业空调就在这个时代诞生。在这个时期,数据中心的硬件可靠性成为主要问题。

2) 1970~1990年

随着大规模集成电路的迅速发展,计算机除了向巨型机方向发展外,更多地朝着小型机和微型机方向快速演进。1971年末,美国旧金山南部的硅谷诞生了世界上第一台微处理器,它开创了微型计算机的新时代。在这个时代,中小型机房得到了爆炸式的发展。

早期的计算机机房没有统一的建设标准及规范,专为某台计算机而设,以科学计算为主。其供电由稳压器向UPS引进发展,系统稳定工作时间也由几个小时延长到几周。

2. 中期机房——服务器时代(1990~2000年)

20世纪90年代中期,互联网的出现对市场产生了巨大影响,也为接下来的十几年数据中心的部署提供了更多选择。随着企业对互联网的需求和依赖日益增多,数据中心作为一种服务模式已经为大多数公司所接受。

随着IT技术的应用普及,在这个时期,我国有了较为完善的关于机房建设的国家标准,机房采用服务器-客户端的网络形式,并且开始大量使用网络通信设备和数据存储设备。其供电系统也得到不断完善,在综合监控系统的控制下,系统的稳定工作时间可以达到几个月。

3. 现代机房——服务器时代(2000~2008年)

在这个时期内,机房IT设备实现机架化,并能进行电子商务处理,许多行业(如银行、政府等)处理业务对IT系统的依赖性急剧增加。机房的可靠性、可用性、可扩展性、可管理性、可维护性受到很大关注。系统能够稳定工作几个月或者连续稳定[2]。

2007年,模块化数据中心成为数据中心发展的新产物,它通常将数据中心的设备都部署在集装箱里面,因此又名集装箱数据中心。最有名的包括Sun Black-box——该集装箱数据中心中的280个服务器都被部署在20英寸柜的集装箱里面,并可被运往全世界各地。这种数据中心仅使用传统数据中心1%的建造成本,灵活机动,而且能大幅降低部署周期。

随着数据中心的大量兴起,其能耗问题日益凸显,带来了成本和可靠性等多方面的影响。数据中心所有者不得不直面这个问题,并逐渐尝试将可再生能源引入数据中心,从而减少用电成本,提高经济效益。

4. 新一代机房——服务器时代(2008 年至今)

新一代机房具有高密度、更安全、更绿色、更智能、管理更精细化等特征。其中云数据中心便是这一时期的产物。软件即服务(Software as a Service,SaaS)实现了基础架构带来的计算资源需求向按需定购模式的转变。云服务提供商如亚马逊,以及其他几个基于云数据中心平台的基础架构服务商都拥有海量的订购用户。新一代数据中心采用标准化的组件,符合各项国家标准,能够快速部署;可以实现集中化管理、自动化程度高;基于云计算这一集中化的部署方式,具有更高密度和更高效的特征。

1.1.3 目前数据中心主要存在的问题

1. 数据中心的可靠性和可用性不足[3]

可靠性是指系统在指定时间内无故障地持续稳定运行的可能性。可靠性随着指定时间的不同而变化,时间越长,可靠性越低。可靠性是一个以时间为变量的函数,其计算公式为

$$R(t) = \mathrm{e}^{-\lambda t} \tag{1.1.1}$$

其中,λ 为故障率,$\lambda = 1/\mathrm{MTBF}$。MTBF 为平均无故障时间,单位为小时。由公式可知,无论系统设计得多么可靠,系统出现故障的可能性与时间长短成正比。

可用性是指长时间的一个平均值,用来表示某一运行中的可修复设备或系统在这段时间内能按其功能稳定运行的能力,其计算公式为

$$A = \mathrm{MTBF}/(\mathrm{MTBF} + \mathrm{MTTR}) \tag{1.1.2}$$

其中,MTBF 为平均无故障时间,MTTR 为平均故障维修时间。可用性是衡量数据中心系统性能优劣的主要指标。因业务持续性管理的需要,人们都期望信息系统能达到 5 个 9(99.999%)的高可用性[4]。

无论是政府部门、教育机构还是企业,数据中心的可靠稳定运行是至关重要的,数据中心一旦发生事故,将导致整个系统都无法正常运行甚至瘫痪。近年来,银行、证券、民航等行业相继出现了数据中心故障,造成了较大的经济损失和较差的社会影响,很多数据中心的可靠性和可用性问题令人担忧。

2. 数据中心可持续发展能力严重不足

随着信息技术的飞速发展,数据中心处理的信息量将越来越大,承担的计算任务和存储任务将越来越重,由此数据中心要实现扩容,增加更多的服务器和存储设备等。因此数据中心是否具有可持续发展能力十分重要。

目前,那些缺乏可持续发展能力的数据中心已暴露出了较多的问题,如供电能力不足、无法实现在线扩容、机房送回风不顺畅产生局部热点、数据中心能耗巨大等。这些问题直接影响数据中心的可用性和可靠性,大大缩短了数据中心的正常生命周期。

数据中心的可持续发展能力主要体现在以下几个方面：①数据中心机房有合理的全局规划；②建筑有尚未开发的利用空间，用于更多设备的安放；③供电设计密度高，系统可靠性高，能在线扩容；④系统日常运行能耗小、营运成本低；⑤运维管理机制完善。

由此可见，影响数据中心可持续能力的因素来自各项基础设施、管理等各方各面，任何一个环节做得不好都会导致其可持续能力不足。

3. 数据中心资源利用率低

目前，大多数数据中心无法做到资源的灵活分配、高效利用，数据中心资源利用率低是目前普遍存在的一个问题。多家第三方机构的调研表明企业数据中心的服务器平均利用率一般低于 15%。其主要原因是，每个部门都是单独设计各自的运行环境，并按照可能需要的最大业务需求进行设计，因此无法做到全局的统筹规划，导致资源利用率低下。

4. 数据中心的自动化程度低、专业化运维管理水平不高

传统数据中心运维管理水平普遍较低，专业化程度不高，资源配置和部署过程多采用人工方式，没有自服务和自动部署的能力，使大量人力资源耗费在了繁重的重复性工作上。据相关调查结果分析，目前很多数据中心都存在着管理方面的问题，这严重影响了数据中心的生命周期，导致整个机构效率低下。因此，如何提高数据中心的自动化程度和专业化运维管理水平是亟待解决的问题。

5. 数据中心能耗严重

数据中心规模扩张后随之而来的是能耗支出的大幅增长。数据中心的能耗是指数据中心中各种用能设备消耗的能源总和，不仅包括服务器、交换机等 IT 设备的能耗，还包括空调、配电等辅助系统的能耗。2009 年我国数据中心总耗电量约 364 亿千瓦时，占当年全国总耗电的 1%，2011 年我国数据中心总耗电量达 700 亿千瓦时，已占据全社会用电量的 1.5%，相当于 2011 年天津市全年的总用电量。随着数据中心的快速发展，预计到 2015 年，全国数据中心将消耗掉三峡电站 1 年的发电量。

PUE(Power Usage Effectiveness，电源使用效率)值已经成为国际上比较通行的数据中心电力使用效率的衡量指标。PUE 值是指数据中心消耗的所有能源与 IT 负载消耗的能源之比。PUE 值越接近于 1，表示一个数据中心的绿色化程度越高，能耗越低。目前，国内大多数数据中心 PUE 介于 2.5～3.0，耗电量十分严重。国内外的大型数据中心已经将能耗问题看成未来数据中心发展的首要难题，"绿色节能"已成为数据中心的主要诉求。

1.1.4 数据中心的未来发展趋势

传统数据中心具有可靠性和可用性差、可持续发展能力低下、自动化程度低以及能耗严重等问题，成为了信息化发展的瓶颈。为了适应未来 IT 技术的发展，必须构建发展新一代的数据中心。

未来数据中心主要有以下发展趋势。

1. 虚拟化

虚拟化是一个抽象的概念,是指通过向资源用户屏蔽这些资源的物理性质和边界的方式将 IT 资源合并。具体来说,虚拟化就是使软件和硬件相互分离,把软件从主要安装硬件中分离出来。虚拟化可以简化运维、提高数据中心的资源利用率和 IT 负载效率,减少新服务器方面的开支,同时减缓了数据中心占地面积的增长速度,增加业务部署的灵活性[5]。

2. 模块化

数据中心模块化可以提高系统的可用性、适应性,减少其总拥有成本,从而能提高系统的价值。模块化数据中心最大的优势在于可以按照客户的需求来设计数据中心的规模,无论企业当前处于何种规模,或从事哪个行业领域,都可以按照自己的需求定制模块化数据中心,并可伴随业务发展需求,逐步扩张数据中心规模,以应对更多 IT 需求。同时,相对新建或扩建传统数据中心而言,模块化数据中心的部署时间更短,从设计到正式部署应用只需要十多周的时间即可完成,而且也更节约占地[5]。

3. 自动化

数据中心自动化,就是要具备虚拟化技术、运营协调、网络负荷管理、服务器自动化、存储自动化、策略设置等完整自动化功能,可帮助用户充分应对业务和管理挑战,实现手工流程自动化,在节约成本的同时,真正帮助企业实现安全、高效和 7×24 小时无人值守的新一代数据中心[2]。

4. 绿色化

数据中心绿色化是指通过合理的布局、节能设备的配置以及先进的供电和散热技术解决传统数据中心的高能耗问题,实现供电、散热和计算资源的无缝集成和有序管理,高效利用能源和空间[6]。数据中心绿色化能大大降低数据中心的能耗,减少用电成本。根据 Pike Research 的报告,在未来四年,全球将会有大量的资金用于数据中心的绿色化,预计到 2016 年将达到 450 亿美元。

1.1.5　云计算数据中心

随着虚拟化技术的日益成熟,云计算迅速发展,数据中心作为云计算落地的重要载体发展更是迅猛,因此建设基于云计算的数据中心平台是未来数据中心发展的必然趋势。传统数据中心运行时初期负荷较小,增长也很缓慢,而云计算数据中心一经使用,负荷即达到较高的水平,因此工作效率较高,具有高效节能的优点。

云计算是指通过网络把大量的硬件、平台和软件所构成的资源池中的资源以按需服务的形式交付给用户。云计算时代的到来意味着用户将聚焦于信息服务本身,而不用像传统模式需要关注底层 IT 架构。云计算对数据中心提出了如下要求:超大规模、高密度、灵活快速扩展、降低运维成本、自动化资源监控和测量以及高可靠性等[7]。

1.1.6 绿色数据中心

国外一项有关"为何需要绿色中心"的调查中发现,62%的企业认为,他们的数据中心面临着诸如散热、供电、成本等问题;23%的企业认为,其数据中心供电和散热能力不足,限制了IT基础设施扩展,或无法充分利用高密度计算设备;19%的被访企业认为,其数据中心的耗电量太大,费用超高,无法负担;还有17%的企业认为,机房温度过高,影响了计算设备的稳定运行,随之导致一系列问题的出现。

基于数据中心能耗问题严重的现状,绿色数据中心的概念应运而生。绿色数据中心(Green Data Center)是指数据机房中的IT系统、机械、照明和电气等能取得最大化的能源效率和最小化的环境影响。正如IBM公司系统和科技事业部张智隆先生所说,绿色数据中心的含义就是提高数据中心的能源效率。尽量减少数据中心的整体用电量;尽量增大数据中心整体用电中用于IT系统比例;尽量减少用于非计算设备(电源转换、冷却等)的用电消耗。绿色数据中心是数据中心发展的必然,尤其是在如今能源危机和环境污染严重的时代背景下。

1.2 数据中心供电系统的概况

1.2.1 目前的数据中心供电系统

数据中心主要有服务器设备、存储设备、计算设备和网络设备等,这些设备都需要对其进行供电,因此可靠、不间断的供电系统是保证数据中心有效运行的必要条件,从计算机设备到智能系统、安全管理等重要设备,都必须有可靠的供电系统作保证。

保证供电的连续性已经成为现代数据中心供电系统必不可少的功能,目前的数据中心供电系统主要构成(图1.2.1)如下[8,9,11]:

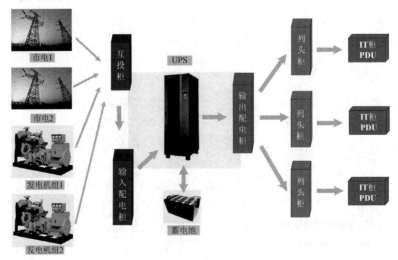

图1.2.1 数据中心供电系统的构成

（1）备用电源：为了保证供电的万无一失，在重要的数据中心都设置了双电网供电系统，其中一路市电正常时由其给负载供电，另一路市电作为与交流市电冗余的交流备用电源。此外，发电机组也可作为交流备用电源。而当市电和发电机全部停止供电时，蓄电池可作为直流备用电源给负载供电。

（2）电源转换设备：包括自动转换开关电器（Automatic Transfer Switching Equipment，ATS）、不间断电源（Uninterrupted Power Supply，UPS）以及静态转换开关（Static Transfer Switch，STS）。其中 ATS 用于将负载电路从一路电源自动切换至另一路（备用）电源的开关电器，以确保重要负荷的连续可靠运行；当正常交流供电中断时，UPS 可用于将蓄电池输出的直流变换成交流持续给负载供电；STS 一般配置在 UPS 设备与负载之间，冗余的多路供电由其转换成一路向负载供电。

（3）配电设备：主要包括交流输入配电、UPS 输入配电、UPS 输出配电、负载机架排配电（列头柜）以及机架配电（Power Distribution Unit，PDU）等。

（4）谐波抑制与治理设备：由于系统存在整流环节而不可避免带来谐波源，所以必须增加谐波抑制与治理设备以减少对电网造成的污染。

图 1.2.2 给出了近年来全球范围内服务器、电源和冷却以及管理/行政开支的柱状图，可以看出电源和冷却费用在总费用中所占的比例呈逐年增大的趋势。数据中心能耗的构成大致如图 1.2.3 所示。其中服务器能耗占 40％左右；空调能耗占 40％左右；配电系统和供电系统能耗约占数据中心总能耗的 10％左右。而减少配电系统的能耗不仅可以减少功率变换的能耗，而且由于设备发热的减少节约了空调的成本和能耗。因此，高效率是数据中心供电系统的核心问题。一方面，效率的提升可以增强设备的可管理性，降低成本；另一方面，由于效率提升带来的能源节省和碳排放的减少，为绿色生态环境做出一定的贡献。

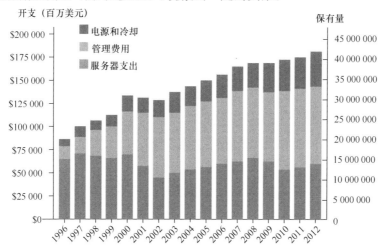

图 1.2.2　全球范围内服务器、电源和冷却以及管理/行政开支

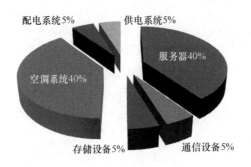

配电系统5%　　　供电系统5%

服务器40%

空调系统40%

存储设备5%　　　通信设备5%

图 1.2.3　数据中心能耗

1.2.2　目前数据中心供电系统主要存在的问题

现有的数据中心供电系统结构如图 1.2.4 所示,电网是系统电能的唯一来源,因此它的系统结构比较简单,能量流向单一。交流不间断供电电源(AC UPS)将电网输出整流后与蓄电池并联,再经过 DC/AC 逆变器接到交流母线上,分别经由配电单元(Power Distribution Unit,PDU)、供电单元(Power Supply Unit,PSU)以及后级的变换器后将交流电变换成各种负载所需的不同的电压对负载进行供电。在数据中心分布式供电系统中,设备终端的变换器模块(又称电源模块)已逐渐演变成板载电源模块(On Board Power Supply,OBPS)、负载点变换器(Point of Load,POL)以及电压调节模块(Voltage Regulator Module,VRM)。板载电源模

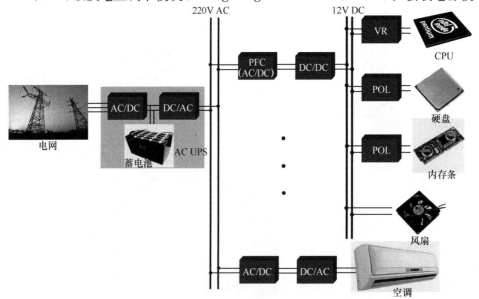

图 1.2.4　传统数据中心交流母线供电系统结构

块是指电源与负载在同一个物理结构中;而 POL 则是指变换器位于负载附近,但两者并不在同一个物理结构中;VRM 特指给微处理器供电的电源,属于 POL 的一种,根据母线电压的不同又分为高压 VRM 和低压 VRM。

1. 效率较低

图 1.2.5 给出了目前数据中心供电系统各个环节的效率,总效率仅为 68% 左右,即有将近三分之一的电能损耗在中间的功率变换环节,损耗的电能绝大部分是以热能的形式散发,这同时会增加空调的冷却成本和能耗,进一步增大了数据中心的耗电量。

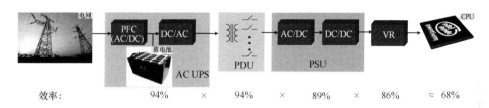

图 1.2.5 现有数据中心交流供电系统

此外,由于数据中心负载的特殊性,其 UPS 供电系统通常要进行冗余配置;而且数据中心很多负载在大部分时间是处于休眠状态,电压调节模块(VRM)和负载点变换器(POL)等变换器长时间运行于轻载状态。这使得系统长时间工作于轻载状态,降低了供电效率。因此,提高数据中心供电系统的效率是十分必要的。

2. 可靠性不高

供电可靠性是数据中心最基本的要求。为了保障供电系统的可靠性,双路市电、柴油发电机以及 UPS 系统经常被提及。承担关键业务的服务器,通常也会采用双电源,借助冗余防止电源故障。但是,可靠供电涉及的技术环节非常多,从高压输电系统、变压器,到低压配电系统、UPS,再到柴油发电、PDU,任何一个环节出错,都将导致供电故障。

从 UPS 系统的基本组成即可看出,无论是交流备用电源(市电或者发电机)还是直流备用电源(蓄电池)都必须通过系统中很多的环节才能给负载供电,其中包括最薄弱的环节——DC/AC 逆变器,这些环节对可靠性而言形成串联环节(单路径故障点),使得系统的可靠性并不高。

目前,很多用户反映 UPS 系统故障的频率并不低于市电掉电故障的频率,平均每年一次的市电掉电故障可由 UPS 保护;可是一旦 UPS 系统发生故障,负载就没有了供电保障[9]。

3. 谐波污染严重

目前的数据中心供电系统中各类非线性和交变性电子装置如变频器、UPS、整流器及各种开关电源的使用,向电网注入了很多的谐波分量,导致电网电压与电流波形的失真。而且谐波干扰对 UPS 供电系统的可靠性也是潜在的影响因素,所以抑制和治理系统中的电流谐波成为必须重视和解决的问题。

4. 系统标准化问题

系统复杂为标准化带来困难,而标准化的困难将增加系统的设计风险。目前大型 UPS 系统变得越来越复杂,导致现场工程设计工作和设计方案的多样性,增加了用户或技术顾问公司、设计院的负担,顾问工程师会因设计的复杂性和资源配置问题而承担极大的风险。如果将所有部件标准化、规范化,这不仅可降低设计和施工的工作量,还可以降低设计和组建的风险。

5. 系统的灵活性和可扩展、变更问题

以计划容量一次性投入、难以变更和扩展,缩短了生命周期。机柜内的设备升级更换时会导致许多其他问题,诸如新旧设备的重量密度不同、安装要求不同、单电源设备与双电源设备对配电要求不同、交流设备与直流设备对配电要求也不同等。除此之外,UPS 容量的扩展也面临以下 3 个问题:新旧 UPS 系统的兼容问题;新扩容的 UPS 与现场环境的匹配问题;扩容升级过程中会不会被迫中断现有业务[10]。

6. 系统使用维护难度问题

要求较高的维护水平,多供应商和非标准化使故障修复困难。供电设备已经具备的智能管理和通讯管理功能没有得到充分的发挥。权威人士估计对 UPS 的智能管理和通讯功能的应用率大概只有 30%。在 UPS 供电系统各类故障的起因中,人为原因造成的故障占很大的比例,人为故障的原因可归结为维护人员对所配置的 UPS 的基本性能了解不够、对 UPS 监测监控信息和显示功能不熟悉、对 UPS 运行时的常规维护要求不清楚且对维护规章制度执行不严格等[11]。

1.2.3 绿色数据中心对供电系统提出的要求

绿色数据中心是指在数据中心的全生命周期内,最大限度地节约资源(节能,节地,节水,节材),保护环境并减少污染,为人们提供可靠、安全、高效、适用的、与自然和谐共生的信息系统使用环境。适应绿色数据中心的要求,其供电系统也需要向绿色化发展,减少供电系统本身的能耗,提高供电系统效率。除了供电效率,功率密度和可靠性也是衡量一个供电系统是否合格的重要指标,提高供电系统的功率密度和供电可靠性也是绿色数据中心对供电系统提出的要求。

提高供配电效率主要有两种途径:一是使用电能之外的可再生能源;二是提高系统电力传输链的效率。

1. 提高电力传输链的效率

在数据中心中,阻碍电力传输链效率提高的因素有两个:链路中的电源变换次数与配电损耗。因此,要提高系统的总效率,可以通过减少功率变换环节以及提高各个环节的效率来实现。

2. 可再生能源的引入

由于化石能源是不可再生资源,随着工业化进程的加快,全球范围将面临着严重的能源危机和环境污染,因此对太阳能、风能、燃料电池等新能源的开发和利用越来越广泛。由之前分析可知,数据中心的耗电量很大,将这些新能源加入到数据中心的供电系统中,将大大减轻电网的电力负担。该方案符合绿色数据中心节能减排的理念,因此称之为绿色数据中心供电系统。

1.3　本章小结

本章第一部分介绍了数据中心的定义和发展历程,分析了目前数据中心主要存在的问题以及未来发展趋势,并对其中两大发展趋势——云计算数据中心以及绿色数据中心进行了详细介绍。第二部分介绍了数据中心供电系统的概况,包括目前数据中心供电系统的构架以及存在的问题,并分析了绿色数据中心对供电系统提出的要求,指出降低能耗是未来数据中心供电系统首要解决的问题。

第 2 章　数据中心供电系统的结构

2.1　引　　言

由第 1 章分析可知,目前数据中心的耗电量十分严重,提高数据中心的能源利用效率迫在眉睫。图 2.1.1 所示为 Intel 数据中心的损耗分析图,数据中心每消耗 275W 的功率,真正用于 IT 负载的只有 100W,效率只有 36.4%。而剩余的 175W 均是损耗,其中有 90W 的损耗是供电系统直接造成的,包括不间断供电电源(Uninterrupted Power Supply, UPS)、配电单元(Power Distribution Unit, PDU)、供电单元(Power Supply Unit, PSU)以及电压调节器(Voltage Regulator, VR)。而剩余的 85W 电能用于是空调制冷和服务器风扇,其中部分损耗也是由供电系统散热造成的。因此,供电系统效率低下是造成数据中心耗电量严重的主要原因,提升数据中心供电系统的效率对整个数据中心的高效运行至关重要。而供电效率与系统的供电结构密切相关,只有在高效的供电系统结构的基础上,提升各个功率变换装置的效率,才能更有效地提升系统效率。本章首先对数据中心的供电系统结构的研究现状进行阐述,在此基础上提出一种适合于引入可再生能源的绿色数据中心的供电系统结构,并对系统中组成变换器进行简要介绍,从第 3 章到第 9 章将对各个变换器进行详细阐述。

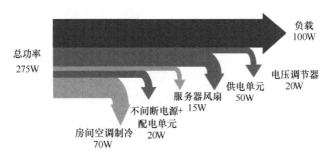

图 2.1.1　Intel 损耗分析

2.2　供电系统结构现状

2.2.1　传统的数据中心 UPS 供电系统解决方案

传统的数据中心的电源系统是 UPS 系统,由整流器、逆变器、蓄电池等组成,当电网正常供电时,电网电压经整流器变换为直流电,再经逆变器变换为交流电供给负载。当电网掉电时,蓄电池经过逆变器变换为交流电供给负载。主要有以下三种供电方式[12]。

1. 串联热备份UPS供电方式

如图2.2.1所示的串联热备份UPS供电方式为两个UPS串联,但由于旁路开关的控制,同时只有一个UPS对负载供电,两个UPS互为备份,消除了单点故障,但存在超载能力差、备机老化不均等问题。

2. 冗余并联UPS供电方式

冗余并联UPS供电系统(图2.2.2)可以实现负载均分,其中任意一台UPS发生故障,可以进行在线切除,也可以将备份UPS在线投入运行,这种供电方式可以实现容量扩充。

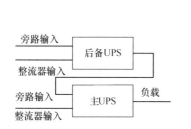

图2.2.1　串联热备份UPS供电系统图　　图2.2.2　冗余并联UPS供电系统图

3. 双总线UPS供电方式

双总线UPS供电方式提供两路独立的供电母线给双电源负载供电,再通过STS(双路转换开关)提供给单电源负载,如图2.2.3所示,这种供电方式消除了单点故障,但是由于增加了STS、LBS(同步控制),又增加了故障点。

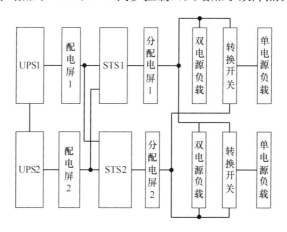

图2.2.3　双总线UPS供电系统图

2.2.2 分布式供电架构

在数据中心中有多个用电设备,各种设备对供电电源电压的要求不同。因此需要功率变换系统对电压进行变换。目前有共有两种供电结构[13~15]:集中式供电(图2.2.4)和分布式供电(图2.2.5)。

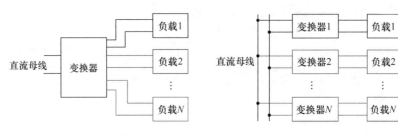

图 2.2.4 集中式供电架构　　　　图 2.2.5 分布式供电架构

所谓集中式供电结构是指母线电压经过一个变换器(组)后,输出多种电压,然后分别给不同负载进行供电。该结构具有结构简单、成本低的优点。但是它有很多的缺点:①变换器由于需要提供所有负载的能量,因此其不易优化设计,且需要外加风扇散热;②变换器的输出与负载有一段距离,因此负载端电压不能精确调节,而当输出低电压大电流时,线路上的损耗很大;③一旦变换器出现故障,整个系统将不能工作;④整个系统环路很大,容易引入干扰。

为了解决以上问题,分布式供电系统应运而生。所谓分布式供电结构是指将直流母线引到主板上,针对不同的负载分别采用一个变换器对其单独供电。与集中式供电系统相比,分布式供电系统虽然成本较高,且占用了主板面积,但其具有以下优点:①各个变换器的负载确定,因此可以进行优化设计;②系统中的热被分配到各个变换器中,有利于散热;③变换器离负载很近,从而可以得到很高的电压调整精度,另外,对于低压大电流的负载,线损可以降低;④某一变换器出现故障,系统其他设备依然可以运作。由于分布式供电系统具有以上优点,因此现在绝大部分数据中心供电系统采用此结构。

大型数据中心供电系统是由各种变换器根据一定的系统构架组合而成的。通常说,系统的组成部分包括:前端变换器(Front-End Converter,FEC)、电压调节器(Voltage Regulator,VR)和各种负载。其中FEC由EMI滤波器、功率因数校正器(Power Factor Correction,PFC)和DC-DC变换器组成。目前共有三种分布式系统构架得到应用,以下就对已有结构进行分析。

1) FEC多路输出结构

FEC多路输出结构就是指FEC输出多路母线电压,不同的母线电压直接给负载供电,或通过不同的VR给相应的负载供电。图2.2.6(a)给出了该结构的结构图。该结构的主要优点是成本比较低,其缺点是效率非常低。图2.2.6(b)给出了整个系统的能耗分布,从图中可以看出,FEC 的损耗占了很大的比重,这是由于 DC-DC 变换器有三组输出,为了实现多路输出,会使用磁放大器或者后级调节器,因此很难实现高效率。另外,给 CPU 供电的电源——电压调节器的输入电压是 12V,而输出电压有的仅为 1V,因此,会造成比较大的开关损耗和二极管反向恢复损耗,导致 VR 的效率也很低。

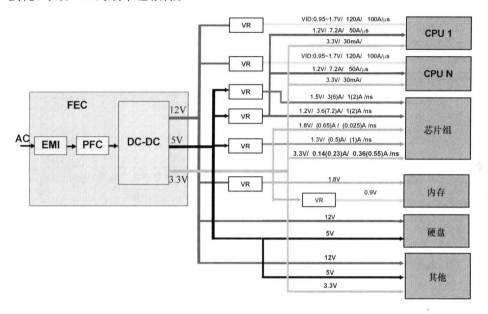

(a) 结构图

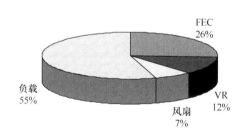

(b) 功耗分布图

图 2.2.6　FEC 多路输出结构

2) FEC 单路输出结构

　　为了解决多路输出造成的 FEC 效率低的问题,单路输出 FEC 的结构应运而生。图 2.2.7给出了 FEC 单路输出结构的结构图。其基本思路是 FEC 只产生一路 12V 输出,这样 DC-DC 部分的设计比较优化。5V 和 3.3V 直接由 12V 转换而成,从而提高了功率密度。但该结构的主要缺点是 VR 的输入依然是 12V,所以 VR 的效率还没有提升。另外,FEC 的效率也很难达到再进一步优化。

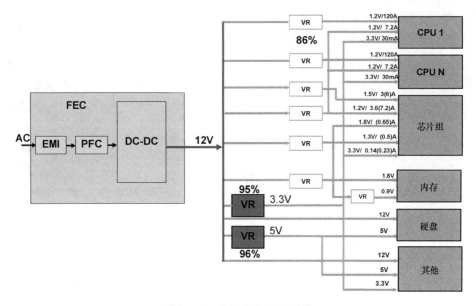

图 2.2.7　单路输出 FEC 结构

3) 高压传输结构

　　另一个正在研究阶段的结构就是高压传输结构,如图 2.2.8 所示。基本思想就是用 PFC 产生的 400V 高压作为分布传输电压,而 12V、5V 和 3.3V 都从 400V 变换而来,而且变换器直接插在主板上。这样做的主要优点是传输线上的电流很低,

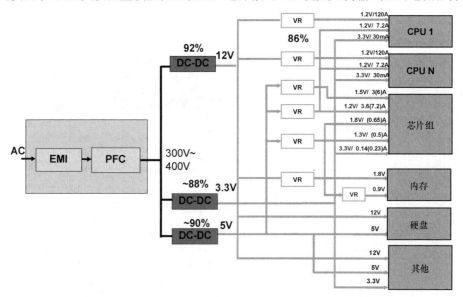

图 2.2.8　高压传输结构

所以传输的损耗比较低。此外,400V 到 12V、5V 和 3.3V 的 DC-DC 可以各自优化设计,所以整体效率高。但是 400V 电压离主板比较近,所以可能会有安全性的问题。

2.3 数据中心交流供电系统结构

2.3.1 传统数据中心交流母线供电系统结构

目前传统的数据中心供电系统结构如图 2.3.1 所示。电网是系统唯一的电能来源,系统采用交流母线,为了实现不间断供电,交流 UPS 连接了电网与母线,电网经过整流器、逆变器连接到交流母线,蓄电池接在逆变器的前端。当电网正常供电时,电网通过整流器、逆变器向负载供电并给蓄电池充电;当电网发生故障时,蓄电池通过逆变器向负载供电。从图中可以看出,系统中的大多数设备都是直流供电的,直流设备前端需要整流器将交流电压转换成直流电压,从电网到直流负载的电能变换顺序为:交—直—交—直,电能每进行一次变换就会产生功率损耗,并且中间环节增多会降低系统的可靠性。因此,电能变换环节冗余是传统数据中心交流母线供电系统结构主要存在的问题。

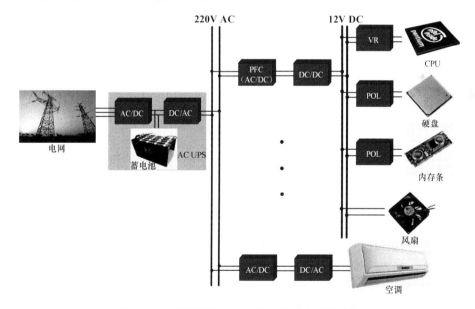

图 2.3.1 传统数据中心交流母线供电系统结构

现有的数据中心供电系统结构简图如图 2.3.2 所示,它的系统结构比较简单,能量流向单一。交流不间断供电电源(AC UPS)将电网电压输出整流后与蓄电池并联,再经过 DC/AC 逆变器接到交流母线上,分别经由配电单元、供电单元以及后级的变换器后将交流电变换成各种负载所需的不同的电压对负载进行供电。

图 2.3.2 列出了供电系统每个部分的效率值,目前数据中心供电系统的效率仅为 68% 左右,即有将近三分之一的电能损耗在中间的功率变换环节,损耗的电能绝大部分是以热能的形式散发。如果提高供电系统的效率,不仅可以减少功率变换的能耗,还可以节约空调的成本和能耗。因此,高效率是数据中心供电系统的核心问题。一方面,效率的提升可以增强设备的可管理性,降低成本;另一方面,由于效率提升带来的能源节省和碳排放的减少,为绿色生态环境做出一定的贡献。

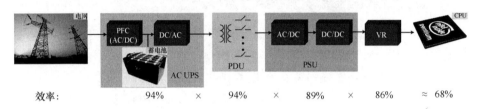

图 2.3.2 现有数据中心交流供电系统

2.3.2 绿色数据中心交流母线供电系统结构

解决数据中心的能耗问题有两大途径。其一是从提高能效方面着手,其二是将数据中心迁移至主要依靠清洁能源的地区,在数据中心中引入绿色能源。绿色能源也称清洁能源,是环境保护和良好生态系统的象征和代名词。它可分为狭义和广义两种概念。狭义的绿色能源是指可再生能源,如水能、生物能、太阳能、风能、地热能和海洋能。这些能源消耗之后可以恢复补充,很少产生污染。广义的绿色能源则包括在能源的生产及其消费过程中,选用对生态环境低污染或无污染的能源,如天然气、清洁煤和核能等。发展绿色能源是解决传统能源瓶颈、保护生态环境的重要举措。

由于之前数据中心电力能源大部分或者全部来自碳的燃烧,造成了大量碳排放。近年来,Facebook、苹果、谷歌和 Rackspace 等涉足云计算业务的公司都开始向可再生能源转型。

将可再生能源引入数据中心供电系统已有了一定的实践,2012 年苹果公司宣布其北卡罗来纳 Maiden 的数据中心将实现 100% 使用绿色能源。其中两座占地面积分别为 100 英亩的 20MW 太阳能阵列发电站和一座 5MW 的沼气发电站,年发电量总计在 1.24 亿千瓦时,但也只是能提供数据中心所需的 60% 的能源,其余的能源缺口将由当地能源公司的绿色能源填补。目前,谷歌在超过 30% 的运营活动中使用绿色电能,而且还在继续寻求提高清洁能源使用率的各种方法。其中包括在办事处尝试使用创新技术,以及从数据中心附近购买绿色电能。2011 年年初,社交网络巨头 Facebook 结束在俄勒冈州派恩维尔的最新的数据中心的建设。Facebook 宣称这个新的数据中心在设计和运营方面创造了环境保护责任的新标准。这些标准采用了可再生能源策略,包括雨水再利用、太阳能和热量再循环。知名浏览器开发商 Opera 成为了冰岛 Thor 数据中心的第一家客户,Thor 建立在冰岛第三大城市 Hafnarfjorour。Opera 当前拥有 1.1 亿用户,其大部分数据流量今后将迁移至冰岛 Thor 数据中心。Thor 数据中心运行上将完全使用可再生能源,拥有 78 Petabytes 的处理能力。

由此可见,如何利用可再生能源将成为数据中心一个重要的研究课题。本书所讨论的绿色数据中心供电系统在原有数据中心供电系统的基础上引入了可再生能源发电,如风能、太阳能等。这些新能源的引入将大大减轻电网负担,并且为数据中心用户减少了用电成本。

图 2.3.3 给出了在目前 220V 交流母线的基础上构建的加入可再生能源的数据中心交流供电系统(即绿色数据中心供电系统)结构图。该系统中供电设备除了有传统的电网外,还有太阳能光伏电池板、风力发电机和燃料电池等新能源设备。太阳能光伏电池板的输出为直流电压,因此需要经过逆变环节接到交流母线上;风机发出的电为低频且频率不稳定的交流电,因此需先整流后逆变接到母线上;燃料电池的输出也为直流电压,因此也需要逆变后与交流母线相连。系统中典型的负载设备有 CPU、存储器、显示器等。这些设备绝大部分都是需要直流供电的,因此母线 380V 交流电压需要经过功率因数校正变换器、直流变换器给其供电。该系统中从交流电源(电网、风机)到直流负载的电能变换顺序为:交—直—交—直;从直流电源(光伏电池等)到直流负载的电能变换顺序为:直—交—直。由此可见,该系统虽然减轻了电网的电力负担与用户的成本,但是仍然存在电能变换环节冗余的问题,这将使得系统效率降低、可靠性变差,以及散热制冷成本加重。

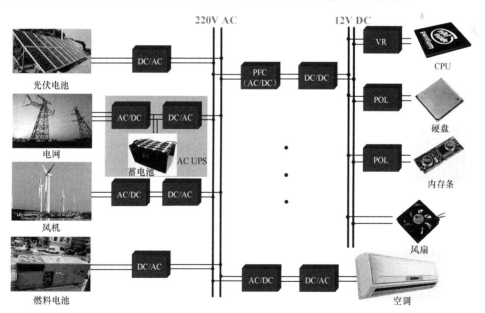

图 2.3.3 绿色数据中心交流母线供电系统结构

2.4 数据中心直流母线供电系统

2.4.1 传统数据中心直流母线供电系统结构

1. 48V 低压直流母线供电系统

图 2.4.1 所示的 48V 直流母线分布式供电系统结构在通信系统得到了广泛的应用。电网通过 PFC 变换器、DC/DC 变换器连接到 48V 直流母线上,再通过 DC/DC 变换器、电压调节模块给负载供电。通信设备大部分都需要直流供电,因此采用 48V 直流母线可使系统的功率变换装置数量减少,可靠性提高。但 48V 直流母线结构存在的最大缺点是它的效率不高,因为传输相同的功率,电压越低,相应的电流就会变大。尤其是在大功率场合,会导致 48V 母线到用电设备的配电损耗较大,且所需要的电缆线径粗、数量多,增加了系统的成本和占用的空间。

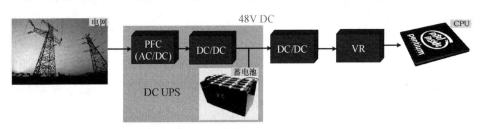

图 2.4.1 48V 直流母线供电系统结构

2. 380V 高压直流母线供电系统

如图 2.4.2 所示的高压直流母线供电系统结构在传统数据中心的应用因其高效率、高可靠性已得到了广泛的认可。美国伯克利实验室的研究表明,与效率最高的交流供电系统相比,在数据中心中采用 380V 直流分布式系统其能耗将降低 7.2%;而与一般的交流系统相比,其能耗将降低 28.2%[16,17]。日本学者 Akiyoshi Fukui 等阐述了 400V 直流供电系统在数据中心的应用,他将通信中的 48V 直流供电系统与数据中心中的交流供电系统进行对比,证实了直流供电的优势[18]。但由于数据中心处理的信息量越来越大,采用 48V 供电配电损耗将会很大,而采用 400V 直流更为高效和可靠。文献[19]以一个网络数据中心为模型,将 220V 交流供电系统与 300V 直流供电系统在相同的负载下进行了效率对比,得出了 300V 直

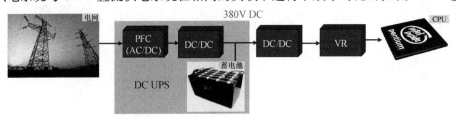

图 2.4.2 380V 直流母线供电系统结构

流系统效率比 220V 交流系统要高出 15％的结论。图 2.4.3 所示为美国典型的数据中心在各母线电压下的效率对比,与 220V 交流母线以及 48V 直流母线相比,380V 直流母线可以使得数据中心具有更高的效率。

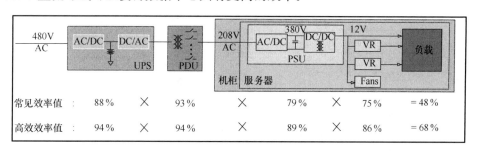

常见效率值:	88％	×	93％	×	79％	×	75％	＝48％
高效效率值:	94％	×	94％	×	89％	×	86％	＝68％

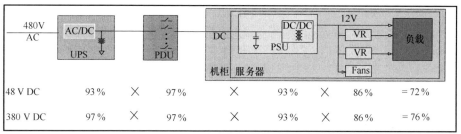

48 V DC	93％	×	97％	×	93％	×	86％	＝72％
380 V DC	97％	×	97％	×	93％	×	86％	＝76％

图 2.4.3 数据中心交直流供电系统效率对比

2.4.2 绿色数据中心高压直流母线供电系统结构

由 2.4.1 节分析可知,高压直流母线结构是传统数据中心供电系统较佳的实现方案,在绿色数据中心的应用场合是否仍然具有优势呢?

图 2.4.4 为绿色数据中心高压直流母线供电系统,光伏电池、电网、风机、燃料电池通过各自的接口单元接到 380V 直流母线上,再通过 DC/DC 变换器变换为负载所需的电压。光伏电池、燃料电池这些新能源发出的电都是直流电,而数据中心的大部分负载都是需要直流供电的,采用交流母线需要先将新能源发出的直流电进行逆变,再经过整流给用电设备供电。图 2.4.5 给出了在交流母线和直流母线两种情况下,将光伏电池的输出给直流负载供电时的损耗对比,采用直流母线可以减少 DC/AC 以及 AC/DC 这两个功率变换环节,因此降低了系统的损耗。此外,直流母线使得配电单元中不需要使用变压器,从而提高了配电效率。可以看出,直流母线在绿色数据中心显示出的优势比传统数据中心更加明显。与低压直流母线相比,高压直流母线具有电缆用量少、电能传输效率高的优点,图 2.4.6 所示为传输 100kW 功率时两者电缆用量对比。从图 2.4.4 可以看出,该系统中电源到直流母线之间的变换环节较少,但是母线到负载侧功率变换环节较多。每个负载前端均需要首先通过一个 DC/DC 降压变换器将 380V 的高压变换为较低的电压(如12V)。能否将这些变换器进行精简以进一步提高系统的功率密度?

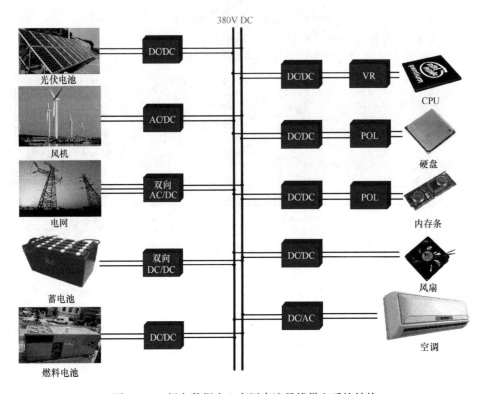

图 2.4.4　绿色数据中心高压直流母线供电系统结构

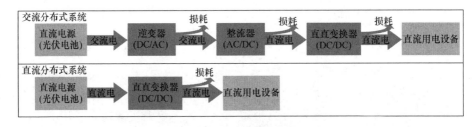

图 2.4.5　交流母线与直流母线损耗的对比

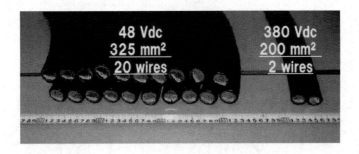

图 2.4.6　48V 和 380V 直流母线电缆用量对比

2.4.3 绿色数据中心双直流母线供电系统

图 2.4.7 所示的绿色数据中心双直流母线供电系统的提出正是为了解决绿色数据中心高压直流母线供电系统中直流母线到负载侧的 DC/DC 变换器数目较多的问题。其中 380V 直流母线是主母线,12V 直流母线是子母线。电源和大功率负载均通过各自的功率变换单元连接到高压直流母线上,而小功率负载通过各自的功率变换单元连接到低压直流母线上。高、低压直流母线通过一个 DC/DC 变换器相连。该系统对供电系统的功率变换环节进行了最大化地精简,系统的功率密度和供电效率得到大幅提高。为了进一步提高系统的效率,可以将小功率的光伏电池接在低压母线上,直接给小功率负载供电。这样避免了先升压再降压造成的功率变换损失。

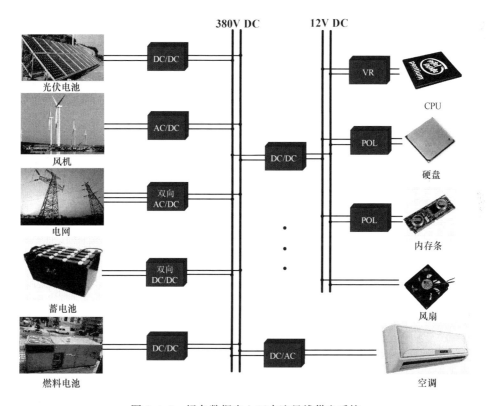

图 2.4.7 绿色数据中心双直流母线供电系统

2.5 绿色数据中心几种供电系统结构的对比

本节针对上节中的绿色数据中心几种供电系统进行了几个方面的对比,如表 2.5.1 所示。交流母线与直流母线结构相比,直流母线功率变换环节更少,供电效率、可靠性更高。48V 低压直流母线与 380V 高压直流母线结构相比，380V 高压直流母线线路损耗、电缆用量更少。380V 直流母线与双直流母线结构相比，双直流母线结构功率变换环节更少。因此，作者认为绿色数据中心双直流母线供电系统将是未来数据中心最佳的供配电方案，本书将对绿色数据中心双直流母线供电系统的进行详细阐述，包括供电系统结构、组成变换器（每个电源、蓄电池与直流母线的接口单元、高、低压直流母线之间的变换器、电压调节模块、负载点变换器等）以及系统的能量管理策略等。

表 2.5.1　绿色数据中心几种供电系统结构的对比

供电系统结构	220V 交流母线	48V 直流母线	380V 直流母线	双直流母线
功率变换环节	较多	较少	较少	最少
供电效率	较低	较高	较高	较高
线路损耗	较少	较多	较少	较少
电缆用量	较少	较多	较少	较少
可靠性	较低	较高	较高	较高

2.6　双直流母线数据中心供电系统组成

双直流母线数据中心供电系统有两条直流母线，一条是 380V 高压直流母线，一条是 12V 低压直流母线，其中电网、光伏电池、燃料电池、蓄电池、风机都通过各自的接口单元接到 380V 直流母线上，大功率负载如空调等也接在 380V 母线上；而低压输入的电压调节模块和负载点变换器接在 12V 直流母线上，两条母线之间由中间母线变换器相连。

2.6.1　电网接口单元

由于新能源发电受天气影响较大，具有间歇性以及不稳定性。数据中心大部分负载一旦断电可能会导致重要信息的丢失，造成相应的系统瘫痪，因此需要不间断供电电源对其供电。这就需要系统与大电网互为备用、联合运行，有利于新能源的开发利用，缓解用电高峰时段的供电压力，提高了供电可靠性和经济性，是未来新能源利用发展的主要方向。因此电网与直流母线之间需要一个接口变换器，在新能源发电不足时，变换器工作在整流模式，提供负载所需的能量，保证负载的可靠供电。在新能源能量提供给负载还有富余时，变换器工作在逆变模式，将能量回馈给电网。接口变换器的交流侧为三相工频交流电，直流侧电压为 380V。因此需要一个可以进行升降压输出的三相双向 AC/DC 变换器，来实现交流侧和直流侧能量的双向流动，如图 2.6.1 所示。

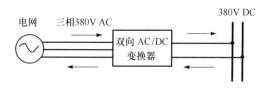

图 2.6.1　电网接口单元示意图

2.6.2　光伏电池接口单元

随着能源危机和环境污染问题的加剧,人类不断寻求新能源来解决这些问题。太阳能具有无污染、可再生、不受地域限制等优点,因而备受人类的青睐。目前太阳能的主要利用形式之一就是通过太阳能电池将太阳能转换为电能。通常一块200W光伏电池的输出电压为 30～50V,而本系统中的母线电压为 380V,因此在二者之间需连有一个具有升压特性的变换器,作为光伏电池的接口,如图 2.6.2 所示。另外,太阳能光伏电池的工作受到很多外部因素的影响,其中以太阳光光照强度和环境温度对其输出影响较大。在不同的光照和温度下,始终存在着一个最大的功率输出点,因此通常对光伏接口单元采用最大功率点跟踪(Maximum Power Point Tracking,MPPT)控制,以实现对太阳能最大限度的利用。

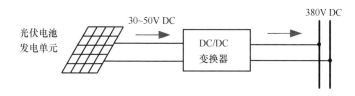

图 2.6.2　光伏电池接口单元示意图

2.6.3　燃料电池接口单元

燃料电池被称为是继水力、火力、核能之后第四代发电装置,也是 21 世纪最有吸引力的发电方法之一。当燃料电池正常工作时,输出电压随电流大小线性变化,且变化范围很大,因此要求接口单元变换器能在宽输入电压范围内正常工作,如图 2.6.3所示。燃料电池的成本较高,所以变换器的输入电流脉动要小,以减小燃料电池的电流脉动,延长燃料电池的寿命。另外,变换器的动态响应要快,以此来

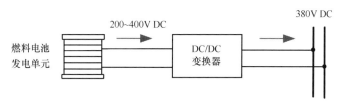

图 2.6.3　燃料电池接口单元示意图

提高系统的动态特性。本书中的系统采用 1kW 聚合物电解质膜燃料电池(Polymer Electrolyte Membrane Fuel Cell, PEMFC)作为主供电电源,输出电压为 200～400V DC,因此需要相应的接口单元将该宽范围输入电压变换为 380V DC。

2.6.4 蓄电池接口单元

蓄电池作为储能单元可以直接并联在光伏电池的输出端/直流母线上,但是在中大功率或负载变化较大的场合,蓄电池的充放电电流过大会带来对蓄电池的损坏,减少其使用寿命。在蓄电池和直流母线之间引入双向 DC/DC 变换器,如图 2.6.4所示,可以控制蓄电池的充放电电流,在实现能量存储的同时对蓄电池进行保护。双向变换器的一端连接在 380V 的直流母线上,而直流母线电压相对比较稳定,双向变换器的电感可以减小,提高系统的动态响应特性,减小成本。在本书所介绍的双直流母线供电系统中所选取的蓄电池电压等级为 220V DC,目前市场最常见的是单节电压为 12V 铅酸蓄电池。因此采用 18 只 12V 铅酸蓄电池串联,得到额定电压为 220V 的蓄电池组。

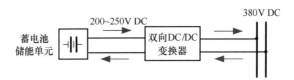

图 2.6.4 蓄电池接口单元示意图

2.6.5 高压母线变换器

在双直流母线系统中,电网、分布式电源以及蓄电池均通过接口单元连接到 380V 高压母线上。为了减少负载的功率损耗,负载设备的供电电压越来越低,对其输入电源的基本要求是低压大电流,这些负载设备由 12V 低压直流母线供电。因此在本书所提出的数据中心双直流母线供电系统中,需要变换器将 380V 高压直流电压变换为 12V 直流电压,该变换器通常称之为高压母线变换器,如图 2.6.5所示的高压母线接口单元作为中间电压变换环节,需同时具有电气隔离和变压的功能以及较高的效率。

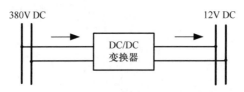

图 2.6.5 高压母线接口单元示意图

2.6.6 电压调节模块

随着数据中心计算量的增加,中央处理器(CPU)在数据中心的应用越来越多,这就意味着数据中心供电系统需要有大量的电源给其供电。如图2.6.6所示的电压调节模块作为CPU的专用电源在数据中心中得到了广泛的应用。CPU工作时在睡眠和运行模式进行快速频繁切换,而且为了减少其功耗,对电压调节模块的要求是低压大电流以及高的动态特性。电压调节模块的输入电压为12V DC,输出电压通常为1V左右。因此,输入输出电压悬殊也是电压调节模块的一个设计挑战。

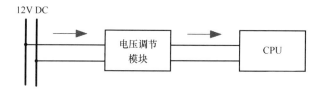

图2.6.6 电压调节模块示意图

2.6.7 负载点变换器

数据中心中有大量的硬盘、内存等终端负载设备,为这些设备供电的电源称之为负载点变换器,电压调节模块其实也是一种特殊的负载点变换器。在数据中心双直流母线供电系统中,这些负载点变换器由12V低压直流母线供电,将其变换为负载所需的电压,如图2.6.7所示。负载点变换器紧贴负载设置,解决了新型高性能半导体的高峰值电流要求与低噪声容限的矛盾,也最大限度地减少了电压下降造成的损失。

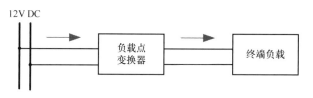

图2.6.7 负载点变换器示意图

2.7 本 章 小 结

本章介绍了数据中心供电系统的结构,包括交流母线供电系统和直流母线供电系统等,并分析了各种供电结构的优缺点。双直流母线供电系统最适合于引入可再生能源的绿色数据中心供电系统,具有高效率、高功率密度以及高可靠性的优点。本章还对双直流母线供电系统各组成变换器进行了简要介绍,接下来几个章节将对这些变换器进行具体分析。

第3章　直流母线与电网的接口单元

3.1　引　言

由于可再生能源受自然条件的影响,基于可再生能源的发电系统具有电压不稳定性。如何将变化的太阳能和风能等能源转换为稳定的电能提供给用户使用已成为研究热点。因此新能源发电系统并网已成为发展趋势,从而有效地解决系统的功率波动。这就使得电网和直流母线之间需要一个双向的接口变换器,如图 3.1.1所示,以实现能量在系统和电网间的相互传递,提高可再生能源发电系统的能源利用效率和供电电能质量。

图 3.1.1　电网接口变换器

在本书所提出的图 3.1.2 所示的数据中心双直流母线供电系统中,为了更高

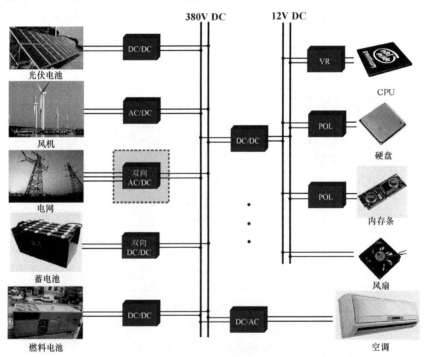

图 3.1.2　数据中心双直流母线供电系统结构图

效地利用新能源,系统中的风能和太阳能均采用 MPPT 控制策略,因此接口变换器唯一决定了母线电压值以及系统与电网之间的功率流向,是能量交换的核心,对系统的整体运行有着至关重要的意义。该接口变换器连接电网与直流母线,并且要实现它们之间能量的双向传递。在大功率应用场合,需考虑采用三相双向 AC/DC 变换器。在该系统中,对双向 AC/DC 变换器具有以下基本要求:①网侧电流为正弦波;②网侧功率因数控制(如单位功率因数);③电能实现双向高效传输;④较快的动态响应;⑤输入与输出之间要实现电气隔离;⑥保证输出恒定的直流电压(380V DC)。

三相双向 AC/DC 变换器既可以实现电网对系统的供能,又可以实现系统向电网的馈能。当新能源发出的电不足以提供给负载时,电网通过三相双向 AC/DC 变换器向系统提供能量;当新能源发出的电向负载供电有富余时,系统通过三相双向 AC/DC 变换器向电网回馈能量。这样既可以充分利用新能源发出的电能,又可以实现对负载的稳定供电。

3.2　三相双向 AC/DC 变换器的研究现状

三相双向 AC/DC 变换器的传统解决方案是采用如图 3.2.1 所示的三相 Boost 型 PWM 整流器[20],它的网侧呈受控电流源的特性,直流侧采用电容进行直流储能,呈低阻抗的电压源特性。该变换器的输入电流连续,因此网侧功率因数较高。但它的输出呈升压特性,通常三相 380V 交流输入电压经其变换后输出电压达 600~800V,且变换器本身未实现电气隔离。因此需要两级式的结构,在后级加 DC/DC 变换器进行降压和隔离才能接到直流母线上。为了使前级变换器的输出尽量接近 380V 直流电压,也可采用如图 3.2.2 所示的三相 Buck 型 PWM 整流器,它的输出电压可以低于输入电压峰值。但该变换器由于输入电流不连续,功率因数较低,因此输入侧需加 LC 二阶滤波器以滤除电流谐波,这就增加了变换器的体积及成本。而且它也未实现电气隔离,不满足系统的要求。

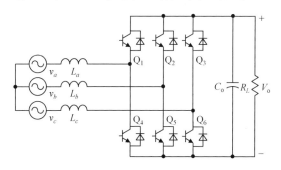

图 3.2.1　三相 Boost 型 PWM 整流器

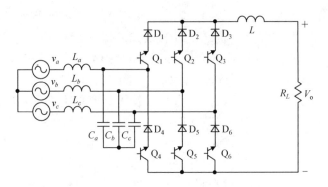

图 3.2.2　三相 Buck 型 PWM 整流器

为了保证输入高功率因数的同时得到降压输出,如图 3.2.3 所示的 VIENNA 整流器 I 被提出[21],它的输入侧呈受控电流源特性,功率因数较高,输出侧为三电平的结构,可以取某个电容上的电压与母线相连。它只有三个开关管,电路控制比较简单,但二极管有 18 个,数量较多,并且也没有实现输入输出的电气隔离。

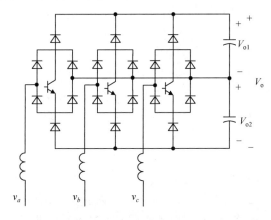

图 3.2.3　VIENNA 整流器 I

为了减少图 3.2.3 所示变换器中二极管的数量,文献[22]提出了一种三相三开关 Buck 型整流器,如图 3.2.4 所示,它将三电平的结构改为两电平输出,使桥臂结构得到简化,二极管数量减少;输入侧的电感移到输出侧,实现了降压输出。但是它的输入电流断续,功率因数不高,并且仍然没有实现电气隔离以及能量的双向传递。

基于以上这些基本的拓扑,很多文献对其进行处理,推导出了一些隔离型的拓扑以满足某些特定的应用场合。隔离型拓扑可以通过调整变压器的匝比实现升降压的输出。文献[23]提出了一种隔离型的电压型矩阵 PWM 整流器,如图 3.2.5 所示,它实现了电气隔离和电能双向变换。相应地,它还提出了一种隔离型的电流型矩阵 PWM 整流器(图 3.2.6)。但是,若在大功率场合,开关管采用 IGBT,则需在每个开关管上并联二极管,开关管以及二极管的数量均为 16 个,具有控制复杂,成本较高以及可靠性较低的缺点。文献[24]针对 VIENNA 整流器 I 提出了一种隔离型的拓扑——VIENNA 整流器 II,如图 3.2.7 所示,它的开关管只有三个,但是二极管数量很多,开关管为硬开关,二极管有反向恢复,且不能实现能量的双向传递。

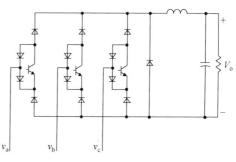

图 3.2.4　三相三开关 Buck 型整流器

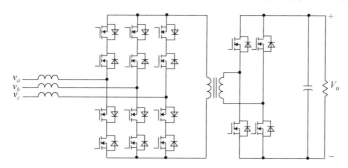

图 3.2.5　三相电压型矩阵 PWM 整流器

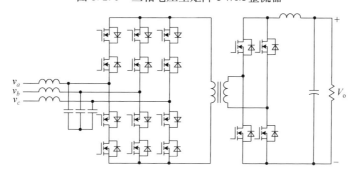

图 3.2.6　三相电流型矩阵 PWM 整流器

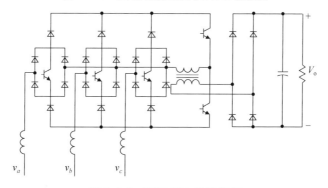

图 3.2.7　VIENNA 整流器 II

目前,三相 AC/DC 变换器软开关技术成为研究的一个热点。文献[25]提出了一种 ZVS 三相电压型 AC/DC 变换器,它可以实现开关管的 ZVS 开通和近似 ZVS 关断。但是与全桥 DC/DC 变换器类似,具有滞后桥臂难实现 ZVS 的缺点,且不能在全负载范围内实现 ZVS。文献[26]对其进行了改进,如图 3.2.8 所示,在变压器原边串联饱和电感和隔直电容,实现了滞后桥臂的 ZCS 关断,但是开通损耗仍然不能避免。对三相电流型 AC/DC 变换器的软开关实现方法主要有两种思路,一种是在交流侧加 LC 谐振辅助电路,使得主开关管的电流转移至辅助开关管,实现开关管的 ZCS 关断[26],如图 3.2.9 所示;另一种是在直流侧加 LC 谐振电路,利用电感电流将桥臂电压放电到 0,实现开关管的 ZVS 开通[27],如图 3.2.10 所示。第一种方法变换器可以沿用传统的 PWM 控制方法,控制比较简单,但是辅助电路结构复杂,成本较高;第二种方法虽然电路结构简单,但是它需要改变开关管的控制方法,且开关管电压应力可能高于输出电压。

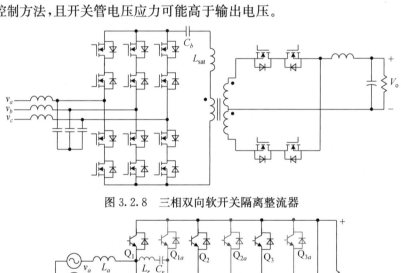

图 3.2.8　三相双向软开关隔离整流器

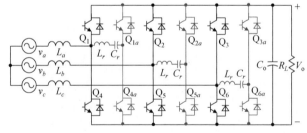

图 3.2.9　三相 ZCT PWM 整流器

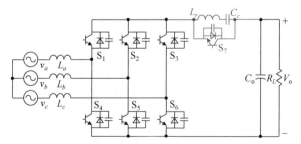

图 3.2.10　三相改进 SVM 控制直流侧 ZVS Boost 型整流器

对于三相双向 AC/DC 变换器的基本控制,最常见的控制方式有正弦脉宽调制(SPWM)技术以及空间矢量脉宽调制(SVPWM)技术。SPWM 是一种比较成熟的、目前使用较广泛的调制技术,就是用脉冲宽度按正弦规律变化而和正弦波等效的 PWM 波形(即 SPWM 波形)控制电路中开关器件的通断,使其输出的脉冲电压的面积与所希望输出的正弦波在相应区间内的面积相等,通过改变调制波的频率和幅值则可调节逆变电路输出电压的频率和幅值。它的算法较 SVPWM 简单,但是具有直流电压利用率不高,转矩脉动大的缺点。SVPWM 用变流器可能输出的矢量组合去逼近目标矢量的方式来实现对开关器件的控制,分为开环和闭环两种。开环的方式为计算好当前所需要得到的矢量,然后决定采用相应的输出矢量去逼近;闭环的方式通过计算的方式来得到开关状态和作用时间,同时还对实际的输出电量参数进行解耦、辨识,将辨识好的参数反馈,实现闭环运行,使得系统的动态响应和控制精度大大提高。SVPWM 的优点是对输出矢量直接控制,开关次数少,直流电压的利用率高,数字化实现方便,能明显减小逆变器输出电流的谐波成分,已有取代传统 SPWM 的趋势。

由以上分析可知,三相双向 AC/DC 变换器在绿色数据中心双母线直流供电供电系统中起着至关重要的作用,而目前适合作为绿色数据中心高压直流母线供电系统的电网接口变换器的拓扑较少。本书将针对三相双向 AC/DC 变换器的主电路拓扑进行研究,提出一种单级式隔离型三相双向 AC/DC 变换器拓扑,通过合适的控制方法使变换器能够满足系统的要求,并具有高效率、高可靠性以及高的功率密度。

3.3 一种单级式隔离型三相双向 AC/DC 变换器

3.3.1 主电路拓扑的推导

本书所提出的一种单级式隔离型三相双向 AC/DC 变换器是由如图 3.3.1 所

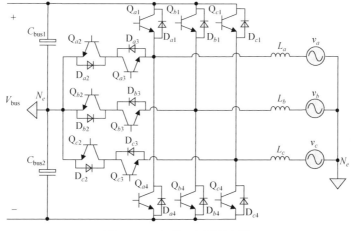

图 3.3.1 T 型三电平逆变器

示的 T 型三电平逆变器推导而来,推导过程如图 3.3.2 所示。T 型逆变器由于导通损耗小而被广泛应用于光伏并网逆变器中。具体推导步骤如下:

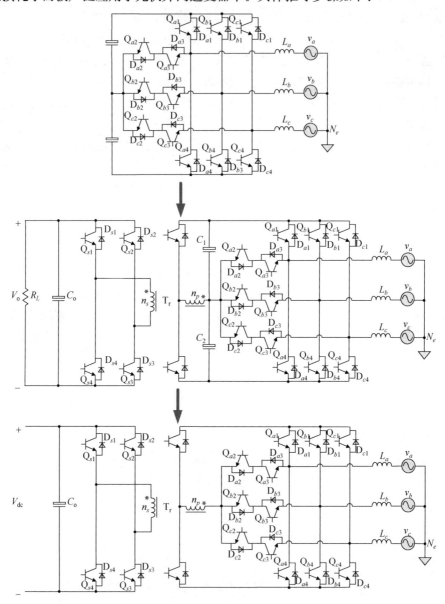

图 3.3.2　推导过程

(1) 在 V_{bus} 端加一个开关管组成的桥臂,将变压器原边一端接在分压电容的串联点上,另一端接在开关管桥臂的中点,在变压器副边加上整流滤波环节,即得到了一种两级式隔离型三相双向 AC/DC 变换器;

(2) 去掉分压电容,将变压器原边连在分压电容中点的一端直接接在三个双向开关的连接点上,即得到了一种单级式隔离型三相双向 AC/DC 变换器,如图 3.3.3 所示。

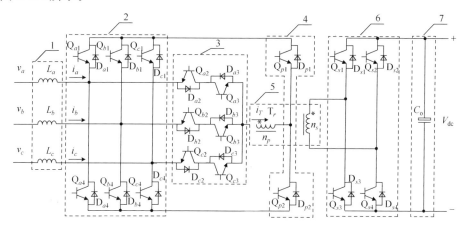

图 3.3.3　一种单级式隔离型三相双向 AC/DC 变换器

如图 3.3.4 所示,推导得到的变换器可分为以下几个部分:交流侧滤波器(1)、四象限开关桥臂(2,3,4)、高频变压器(5)、整流桥臂(在逆变模式下称作逆变桥臂)和直流侧滤波器(7)。其中交流侧滤波器的作用是滤除电网电流中的谐波成分,提高功率因数;四象限开关桥臂的功能是将三相工频交流电压变换为高频的单相交流电压,包括了三相桥臂(2)、双向开关桥臂(3)以及半桥桥臂(4);高频变压器用来实现电气隔离,同时可通过调节变压器的匝比来实现电压幅值的变换;整流(逆变)桥臂的作用是在整流模式下对变压器副边输出的高频交流电压进行整流,而在逆变模式下该桥臂的作用是将直流电压逆变为高频交流电压;而直流侧滤波器的作用是滤除直流电压中的交流成分,从而得到恒定的直流电压。

图 3.3.4　双向 PWM 整流器各个组成部分

该单级式隔离型双向 AC/DC 变换器拓扑实现了单位功率因数控制、高频电气隔离、电能的双向流动以及升降压输出,因此能满足绿色数据中心双直流母线供电系统对于双向 AC/DC 变换器基本功能提出的要求。

3.3.2　基本控制策略

为了使变换器能够实现单位功率因数控制以及恒定的直流输出,采用空间矢量脉宽调制的方法对其进行控制。图 3.3.5 给出了变换器的基本控制框图,采用电压外环、电流内环的双闭环控制策略。电压外环的作用是维持直流母线电压的恒定,根据母线电压的大小决定变换器输出功率的大小和方向,其输出为电流的给定信号。电流内环的作用是使变换器的实际输入电流能够跟踪电压外环输出的电流给定,实现单位功率因数的控制。

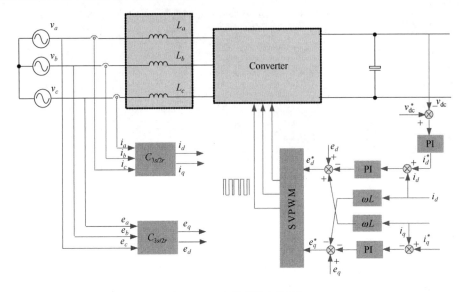

图 3.3.5　变换器控制框图

与传统的 SPWM 调制方法相比,SVPWM 具有直流电压利用率高、动态特性好、开关损耗少以及适于数字控制实现等优点。因此,对于本书所提出的变换器,采用 SVPWM 调制的方法可减少变压器的匝比,有利于整体效率的优化。而副边的整流桥臂需要根据变压器原边的电压以及电流波形进行控制,以得到直流输出。

具体实现中,在三相静止坐标系下,三相电压之间、三相电流之间均存在耦合,交流侧均为时变交流量,因而不利于控制系统设计。为此,可以通过坐标变换将三相对称静止坐标系(a,b,c)转换成以电网基波频率同步旋转的(d,q)坐标系。这样,经坐标变换后,三相静止坐标系中的基波正弦变量将转换成同步旋转坐标系中的直流变量,从而简化了控制系统设计。由此可以得到变换器在同步旋转坐标系下的模型:

$$\begin{bmatrix} e_d \\ e_q \end{bmatrix} = \begin{bmatrix} Lp+R & \omega L \\ -\omega L & Lp+R \end{bmatrix} \begin{bmatrix} i_d \\ i_q \end{bmatrix} + \begin{bmatrix} v_d \\ v_q \end{bmatrix} \tag{3.3.1}$$

$$\frac{3}{2}(v_d i_d + v_q i_q) = v_{dc} i_{dc} \tag{3.3.2}$$

其中,e_d、e_q 为电网电动势矢量 E_{dq} 的 d、q 分量;v_d、v_q 为变换器输入电压矢量 V_{dq} 的 d、q 分量;i_d、i_q 为交流侧电流矢量 I_{dq} 的 d、q 分量;p 为微分算子。

从上述模型可以看出,d、q 轴变量相互耦合,给控制器的设计造成一定困难。对于电流分量,d 轴分量为系统输入的有功电流,q 轴分量为系统输入的无功电流。通过引入 i_d、i_q 的前馈解耦控制，实现对两通道电流单独控制，对变换器网侧有功分量和无功分量实现无耦合单独控制，可以方便地设计调节器。

假设 $t=0$ 时，两相旋转坐标系 d 轴与三相静止坐标系 a 轴的夹角为 0。当电流调节器采用 PI 调节器时，则 v_d、v_q 的控制方程如下：

$$v_d^* = -\left(K_{pi} + \frac{K_{ii}}{s}\right)(i_d^* - i_d) + \omega L i_q + e_d \tag{3.3.3}$$

$$v_q^* = -\left(K_{pi} + \frac{K_{ii}}{s}\right)(i_q^* - i_q) - \omega L i_d + e_q \tag{3.3.4}$$

其中，K_{pi}、K_{ii} 分别为电流环的比例系数和积分系数。

具体控制方案为：直流侧电压与给定的参考值进行比较后，经电压外环 PI 调节器得到有功电流指令，确定有功功率的大小和流向。当无功功率电流给定值为 0 时，可以实现单位功率因数控制。有功、无功电流指令与实际电流有功、无功分量相比较，比较结果经过电流环 PI 调节器得到比较指令电压。比较指令电压经过电网电压和电感电压交叉分量前馈后，最终得到两相旋转坐标系下的电压指令。该指令再经坐标变换为两相静止坐标系下的指令，送入 SVPWM 模块，进行空间电压矢量脉宽调制，得到功率开关管的控制脉冲，从而控制网侧电流为正弦波，实现单位功率因数控制。

上述的控制方法已经广泛应用于目前的三相 PWM 整流器、三相逆变器中。但是，由于本书所提出的单级式隔离型三相双向 AC/DC 变换器中引入了高频变压器，需要考虑变压器磁复位问题，传统的 SVPWM 调制技术的具体实施过程并不适用于该变换器，需要对其进行改进，以保证变换器能够正常运行。

3.3.3　工作原理

由 3.3.2 节的分析可知，本书提出的单级式三相双向 AC/DC 变换器采用 SVPWM 调制方法，但由于该变换器中流过变压器的电流会影响电压矢量的大小和方向，所以传统的三相桥式 SVPWM 调制方法并不适用，需要对其进行改进。经分析，该变换器在整流和逆变模式下的 SVPWM 实现的基本思路一致，下面以工作在整流模式下的变换器为例分析其基本工作原理。

变换器中三相电流、流过变压器的电流、变压器两端电压以及输出直流电压的参考正方向如图 3.3.6 所示，其中顺着箭头方向的电流定义为正，反之为负。由于该电路中三相电压信号的对称性，我们取 $i_a > 0, i_b < 0, i_c < 0$ 这一区间为对象进行详细研究。

在 $i_a > 0, i_b < 0, i_c < 0$ 的情况下，并认为电源电流为理想正弦波形，进行简化推导（$\omega_N = 2\pi f_N$ 表示电源角频率）。

$$i_a = \boldsymbol{I}_N \cos(\varphi_N) \tag{3.3.5}$$

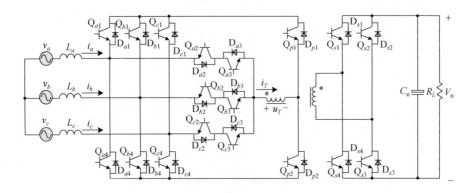

图 3.3.6　隔离型三相双向 AC/DC 变换器拓扑

$$i_b = \boldsymbol{I}_N \cos\left(\varphi_N - \frac{2}{3}\pi\right) \tag{3.3.6}$$

$$i_c = \boldsymbol{I}_N \cos\left(\varphi_N + \frac{2}{3}\pi\right) \tag{3.3.7}$$

$$\varphi_N = \omega_N t \tag{3.3.8}$$

如果忽略电源电流的脉动,三相电流波形如图 3.3.7 所示,并假定电源电流和电源相电压(理想正弦波)是同相位的。我们对电源电流和电压赋予空间矢量

$$\boldsymbol{u}_N = \boldsymbol{U}_N \exp(\mathrm{j}\varphi_N) \tag{3.3.9}$$

$$\boldsymbol{i}_N = \boldsymbol{I}_N \exp(\mathrm{j}\varphi_N) \tag{3.3.10}$$

根据涉及三个空间矢量的定义方程,可得如下表达式(即图中所示电源电压)

$$\boldsymbol{u}_U = \frac{2}{3}(u_a + \boldsymbol{\alpha} u_b + \boldsymbol{\alpha}^2 u_c), \quad \boldsymbol{\alpha} = \exp\left(\mathrm{j}\frac{2\pi}{3}\right) \tag{3.3.11}$$

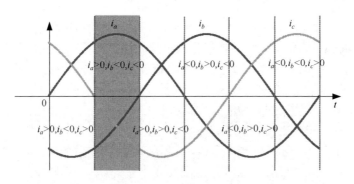

图 3.3.7　三相输入电流

为了简化分析,对变换器作出如下假设:忽略变压器的寄生参数,即用理想变压器代替实际变压器,变比等于匝比 N_1/N_2。此外,忽略开关管的寄生电容,即假定开关管是理想的(无正向电压降,忽略开关时间,尤其是二极管没有反向恢复电

流）。输出电压认为是恒定值。

为了方便得到空间电压矢量位置角，我们将三相静止坐标系变换到两相静止坐标系，即 Clack 变换，Clack 变换如图 3.3.8 所示。设两项坐标轴 α 轴和三相坐标轴的 a 轴重合，则三相静止坐标系到两相静止坐标系的变换矩阵为

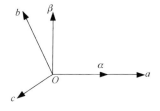

图 3.3.8　Clack 变换矢量图

$$T_{abc/\alpha\beta}=\frac{2}{3}\begin{bmatrix}1 & -1/2 & -1/2 \\ 0 & \sqrt{3}/2 & -\sqrt{3}/2\end{bmatrix} \qquad (3.3.12)$$

可得位置角为

$$\varphi_U = \arctan(\beta/\alpha) \qquad (3.3.13)$$

1）开关状态的定义

命名开关管的开关函数为 S_i。令 $S_i=1$ 为导通状态，$S_i=0$ 为关断状态。通过使用组合 $j=(s_{a3}s_{b3}s_{c3})_{s_{p1},s_{p2}}^{\text{sign}\{u_T\}}$ 方式，描述整个系统的开关状态，当某相电流流过双向开关时，该相开关状态为 1，否则为 0。上式表示的除了开关管的开关状态，还有流经变压器原边绕组电流方向或者变压器两端电压 u_T 极性 $\text{sign}\{u_T\}$（定义 $u_T=0$ 时 $\text{sign}\{u_T\}=0$）。

基于以上分析，开关状态组合如表 3.3.1 所示，系统导通状态如图 3.3.9 所示。

表 3.3.1　系统在 $i_a>0, i_b<0, i_c<0$ 时，各开关状态对应表

S_{a3}	S_{b3}	S_{c3}	S_{p1}	S_{p2}	$\boldsymbol{u}_{U,j}$	$\text{sing}\{u_T\}$
0	0	0	1	1	0	0
0	0	1	1	1	0	0
0	1	0	1	1	0	0
0	1	1	1	0	$\dfrac{2}{3}\dfrac{N_1}{N_2}U_\circ$	—
1	0	0	0	1	$\dfrac{2}{3}\dfrac{N_1}{N_2}U_\circ$	+
1	0	1	0	1	$-\boldsymbol{\alpha}\dfrac{2}{3}\dfrac{N_1}{N_2}U_\circ$	+
1	1	0	0	1	$-\boldsymbol{\alpha}^2\dfrac{2}{3}\dfrac{N_1}{N_2}U_\circ$	+
1	1	1	0	0	0	$\pm$

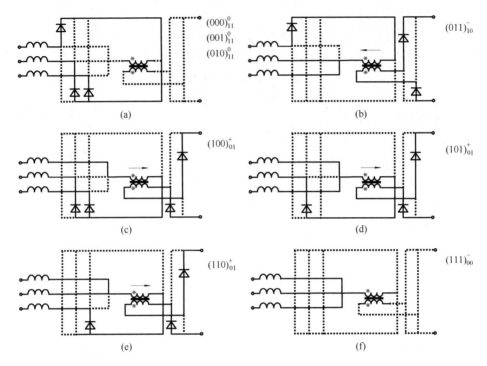

图 3.3.9 根据表 3.3.1,在 $i_a>0,i_b<0,i_c<0$ 情况下,各开关状态对应的开关管导通情况

2) 电压矢量合成

为了保证输出电流经过控制后与输入电压是同相位的正弦波,变换器输入电压矢量$\boldsymbol{u}_{U,(1)}$必须满足以下条件

$$\boldsymbol{u}_{U,(1)}=\boldsymbol{u}_N-\mathrm{j}\omega_N L\boldsymbol{i}_N \tag{3.3.14}$$

由于输入侧电感 L 产生的基波电压降 $\mathrm{j}\omega_N L\boldsymbol{i}_N$ 在开关频率很高时,即 $f_s\gg f_N$(或者电感 L 很小)的情况下可以近似将其忽略。因此,进一步假设

$$\boldsymbol{u}_{U,(1)}=U_{U,(1)}\exp(\mathrm{j}\varphi_U)\approx\boldsymbol{u}_N=U_N\exp(\mathrm{j}\varphi_N) \tag{3.3.15}$$

因此,整个系统在输出电压值在满足以下条件的情况下可控

$$U_o>\frac{N_2}{N_1}\sqrt{6}U_N \tag{3.3.16}$$

根据表 3.3.1 所示,可以得到在 $i_a>0,i_b<0,i_c<0$ 情况下的电压矢量图,如图 3.3.10 所示,可以看出,$i_a>0,i_b<0,i_c<0$ 的电流区间分布在了两个电压扇区中。而在不同的扇区中,合成时使用的矢量是不一样的。因此,之前图 3.3.10 中的两个扇区要被进一步细分成 4 个扇区讨论。而 $i_a>0,i_b<0,i_c<0$ 的电流区间分为了两个扇区。电压矢量合成需遵循以下原则:导通损耗小、开关切换次数最少以及保证变压器的伏秒平衡。当电压矢量$(-\pi/6,0)$在区间内,由$\boldsymbol{u}_{U,(101)_{01}^+}$、$\boldsymbol{u}_{U,(011)_{10}^-}$、

$\boldsymbol{u}_{U,(100)_{01}^{+}}$三条矢量合成,开关切换序列为

$$(100)_{01}^{+}\rightarrow(101)_{01}^{+}\rightarrow(111)_{11}^{0}\rightarrow(011)_{10}^{-}\big|_{T_s/2}$$

$$(011)_{10}^{-}\rightarrow(111)_{11}^{0}\rightarrow(101)_{01}^{+}\rightarrow(100)_{01}^{+}\big|_{T_s} \tag{3.3.17}$$

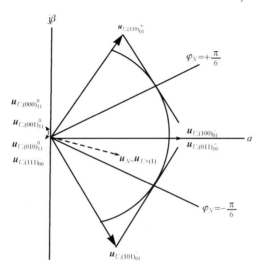

图 3.3.10　根据表 3.3.1,在 $i_a>0$,$i_b<0$,$i_c<0$ 情况下的电压矢量图

在选取矢量、确定矢量切换顺序后,下面要确定矢量的作用时间。首先计算两个方向上的时间,再根据变压器伏秒平衡,变压器电流为正的时间和为负的时间相等,计算每条矢量的作用时间。具体计算过程如下:

设置中间量 X、Y、Z,其中

$$X=\frac{\sqrt{3}v_\beta T_s}{(N_1/N_2)V_o} \tag{3.3.18}$$

$$Y=\frac{\left(\frac{\sqrt{3}}{2}v_\beta+\frac{3}{2}v_\alpha\right)T_s}{(N_1/N_2)V_o} \tag{3.3.19}$$

$$Z=\frac{\left(\frac{\sqrt{3}}{2}v_\beta-\frac{3}{2}v_\alpha\right)T_s}{(N_1/N_2)V_o} \tag{3.3.20}$$

经计算,该扇区内矢量作用时间分别为:$T(\boldsymbol{u}_{U,(101)_{01}^{+}})=-X$;$T(\boldsymbol{u}_{U,(011)_{10}^{-}}+\boldsymbol{u}_{U,(100)_{01}^{+}})=Y$;又因为 $T(\boldsymbol{u}_{U,(101)_{01}^{+}}+\boldsymbol{u}_{U,(100)_{01}^{+}})=T(\boldsymbol{u}_{U,(011)_{10}^{-}})$。因此三条矢量分别作用的时间为:$T(\boldsymbol{u}_{U,(101)_{01}^{+}})=-X$;$T(\boldsymbol{u}_{U,(011)_{10}^{-}})=(-X+Y)/2$;$T(\boldsymbol{u}_{U,(100)_{01}^{+}})=(X+Y)/2$,在该扇区内各开关管驱动波形如图 3.3.11 所示。

3) 扇区划分

由于三相电压的对称性,可以将该扇区的分析过程类推到整个周期。首先要

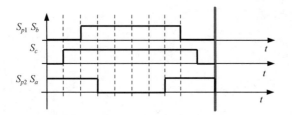

图 3.3.11　开关管驱动波形

对扇区进行划分。

设置中间量

$$v_{\text{ref1}} = v_{\beta} \tag{3.3.21}$$

$$v_{\text{ref2}} = v_{\alpha} \tag{3.3.22}$$

$$v_{\text{ref3}} = \frac{1}{2}(\sqrt{3}v_{\alpha} - v_{\beta}) \tag{3.3.23}$$

$$v_{\text{ref4}} = \frac{1}{2}(v_{\alpha} - \sqrt{3}v_{\beta}) \tag{3.3.24}$$

$$v_{\text{ref5}} = \frac{1}{2}(-\sqrt{3}v_{\alpha} - v_{\beta}) \tag{3.3.25}$$

$$v_{\text{ref6}} = \frac{1}{2}(-v_{\alpha} - \sqrt{3}v_{\beta}) \tag{3.3.26}$$

如果 $v_{\text{ref1}} > 0$，则 $A = 1$，否则 $A = 0$；如果 $v_{\text{ref2}} > 0$，则 $B = 1$，否则 $B = 0$；如果 $v_{\text{ref3}} > 0$，则 $C = 1$，否则 $C = 0$；如果 $v_{\text{ref4}} > 0$，则 $D = 1$，否则 $D = 0$；如果 $v_{\text{ref5}} > 0$，则 $E = 1$，否则 $E = 0$；如果 $v_{\text{ref6}} > 0$，则 $F = 1$，否则 $F = 0$；扇区号：$N = A + 2B + 4C + 6D + 8E + 10F$，则扇区划分结果如图 3.3.12 所示。

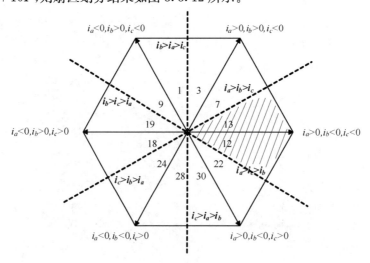

图 3.3.12　扇区划分示意图

4）完整的电压矢量图

由$(-\pi/6,0)$电流区间内电压矢量的计算方法可以类推到整个工频周期。图 3.3.13 给出了一个工频周期内完整的电压矢量图。根据之前介绍的矢量合成方法，可以得到整个周期内开关管的开关状态。

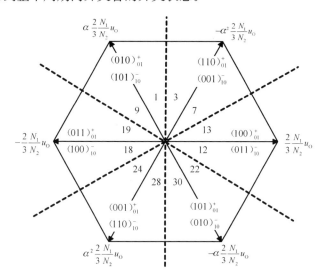

图 3.3.13　电压矢量图

5）三相软件锁相环

要实现功率因数校正，输入电流跟踪输入电压的相位，这就需要对输入电压进行锁相。锁相环有很多种方法，目前在电力电子装置实际应用中常用的锁相环技术是过零比较方式，就是通过硬件电路检测电网电压的过零点来获得相位差的信号，然后用硬件或者软件实现锁相。这种方案原理和结构都很简单，也易于工程上的实现。但是一个工频周期内电网电压只能检测到两个过零点，这限制了锁相环的锁相速度；而且，当电网侧电压中含有谐波或者三相不平衡时，这种方法就不能准确的确定基波正序的过零点了，进而影响了锁相的精度。

三相软件锁相环（SPLL）可以解决过零点检测带来的问题。如图 3.3.14 所示，其中 α、β 轴构成两相静止坐标系，d、q 轴构成两相同步旋转坐标系。对于三相电网，电压合成矢量 u_s 的幅值是不变的，则 q 轴电压分量 u_{sq} 反映了 d 轴电压分量 u_{sd} 与电网电压合成矢量 u_s 的相位关系。当 $u_{sq}<0$ 时，说明 d 轴超前 u_s，应该减小同步信号的频率；$u_{sq}>0$ 时，说明 d 轴滞后 u_s，此时应该增大同步信号频率；$u_{sq}=0$ 时，说明 d 轴与 u_s 同相。可见，可以通过控制电网电压 q 轴分量 $u_{sq}=0$ 恒成

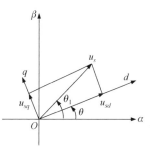

图 3.3.14　电压矢量相位关系图

立,使电网电压合成矢量 u_s 定向于 d 轴电压分量 u_{sd},实现两者同相位。

图 3.3.15 所示为三相电压 SPLL 控制原理框图。坐标变换相当于鉴相器,PI 调节器相当于环路滤波器,积分环节相当于压控振荡器。ω_1 为压控振荡器的固有频率,此处对应于电网额定频率,$\omega_1=100\pi$。通过 q 轴电压 PI 不断调节,使输出相位角 θ 跟随输入相位角 θ_1 变化,即相位角 θ 与 A 相电压相位同步变化,可以实现对电压相位的跟踪。

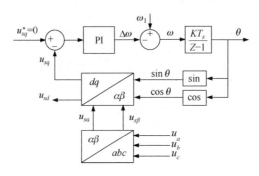

图 3.3.15　SPLL 结构原理图

6)导通器件

当单级式隔离型三相双向 AC/DC 变换器工作于整流模式时,第一开关管 Q_{a1}、第二开关管 Q_{a4}、第三开关管 Q_{b1}、第四开关管 Q_{b4}、第五开关管 Q_{c1}、第六开关管 Q_{c4}、第十五开关管 Q_{s1}、第十六开关管 Q_{s2}、第十七开关管 Q_{s3}、第十八开关管 Q_{s4} 的导通器件为反并二极管,不用驱动。

7)逆变模式

当单级式隔离型三相双向 AC/DC 变换器工作于逆变模式时,相电流与相电压反相位;与整流模式相比,相应的导通器件发生了变化,只有第十三开关管 Q_{p1}、第十四开关管 Q_{p2} 的导通器件为反并二极管,不用驱动;变换器在两种模式下 SVPWM 模块输出的每个开关管驱动波形将发生变化,但上述电压矢量的合成原理依然适用。

3.3.4　参数设计

三相双向 AC/DC 变换器的系统设计主要涉及主电路设计、控制系统设计、开关管设计等几部分。主电路设计对整个系统的动态和静态性能、稳定性有一定影响,需选择合理的取值范围。控制系统设计是该系统的关键,其控制目的在于稳定直流电压的同时实现高功率因数的工作状态。

本节对装置容量为 4.5kW 的三相双向 AC/DC 变换器进行设计,设定交流侧相电压有效值为 220V,直流侧输出电压为 400V,变压器匝比为 3∶2。

1）直流侧电压设计

直流侧电压的选取有一定的限制。当直流电压过低时，网侧电流波形可能会出现失真的情况，达不到所需波形的要求；当直流电压过高时，系统器件的耐压额定值较高，增加了所需成本。

对于三相双向 AC/DC 变换器而言，由式（3.3.9）可知，$V_o > \sqrt{3} \times 220 \times \sqrt{2} \times \frac{2}{3} \approx 359V$，选取 $V_o = 400V$。

2）交流侧电感设计

在三相功率变换器的设计中，交流侧电感的设计至关重要。网侧电感对三相变换器系统的影响是综合性的，其取值不仅影响系统的动静态性能，还会对系统的额定输出功率等其他因素产生影响。电感的选取，一方面从稳态功率考虑要满足功率守恒定律；另一方面从滤除谐波电流和实际的电流跟踪速度出发。从不同方面考虑，对电感有不同的取值。本节采用的电感计算范围是

$$\frac{15U_N\left(\frac{\sqrt{2}}{4}U_N\omega T_s^2 + \frac{V_o'}{6}T_s\right)}{P} \leqslant L \leqslant \frac{0.9U_N^2}{\omega P} \tag{3.3.27}$$

其中，开关频率取 20kHz，开关周期为 50μs，V_o' 为 600V。则电感值的范围是

$$3.71\text{mH} \leqslant L \leqslant 30.81\text{mH} \tag{3.3.28}$$

仿真时取 L 为 4mH。

3）直流侧电容设计

直流侧电容的作用主要体现在两方面：稳定直流侧电压，缓冲直流侧和负载侧之间的能量交换；抑制直流侧的谐波电压。

直流侧电容的选取直接影响系统的特性和安全性。就电压外环而言，直流侧电容越小，越有利于电压快速跟踪；就抗干扰性能而言，直流侧电容越大，限制负载扰动时的直流电压动态越好。

一般来说，电容无法同时满足直流电压跟随性能和抗干扰性能，电容实际取值常常根据实际情况进行需要综合考虑。

本书采用的电容最小值计算公式[28]

$$C \geqslant \frac{2L\left(\frac{2P}{3U_m} + \frac{P}{V_o'}\right)}{3 \times \left[\frac{4}{9}\left(V_o' + \frac{3}{2}U_m + \Delta u_{o\text{max}}\right)^2 - \left(U_m + \frac{2}{3}V_o'\right)^2\right]} \tag{3.3.29}$$

因此电容 C 仿真时取 1200μF。

4）PI 调节器参数设计[20]

（1）电流 PI 调节器的设计。

采用双闭环控制的变换器的电流环为内环，它的主要作用是按电压外环输出

的电流指令进行控制,迫使输入电流跟踪输入电压,因此 PI 调节器的设计直接影响着系统动态性能。下面以 i_d 控制为例讨论电流调节器的设计,考虑电流内环信号采样的延迟和 PWM 控制的小惯性特性,i_d 电流环结构如图 3.3.16 所示。其中 T_s 为电流采样周期(即 PWM 开关周期),为简化分析,暂不考虑 e_d 的扰动,且将 PI 调节器传递函数写成零极点形式,即

$$K_{ip} + \frac{K_{ii}}{s} = K_{ip} \frac{\tau_i s + 1}{\tau_i s} \tag{3.3.30}$$

$$K_{ii} = \frac{K_{ip}}{\tau_i} \tag{3.3.31}$$

将小时间常数 T_s、$T_s/2$ 合并,可以得到简化的模型如图 3.3.17 所示。

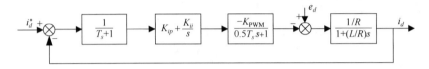

图 3.3.16 i_d 电流环结构

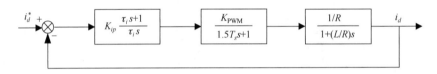

图 3.3.17 i_d 电流环简化结构

考虑到电流内环要有快速的动态性能,可按 I 型系统设计电流调节器,只需以 PI 调节器零点抵消电流控制对象传递函数的极点即可,即 $\tau_i = L/R$。校正后电流环的开环传递函数为

$$T(s) = \frac{K_{ip} K_{\text{PWM}}}{R \tau_i s (1.5 T_s s + 1)} \tag{3.3.32}$$

当阻尼比取 0.707 时,

$$\frac{1.5 T_s K_{ip} K_{\text{PWM}}}{R \tau_i} = \frac{1}{2} \tag{3.3.33}$$

求解得

$$K_{ip} = \frac{R \tau_i}{3 T_s K_{\text{PWM}}} \tag{3.3.34}$$

$$K_{ii} = \frac{R}{3 T_s K_{\text{PWM}}} \tag{3.3.35}$$

根据式(3.3.32)和式(3.3.33)可求得其电流环 PI 参数。

(2) 电压 PI 调节器的设计[29]。

电压 PI 调节器的设计过程比较复杂,可以参考文献[20]中的相关章节进行设

计。这里给出了参数计算公式

$$K_{up} = 4K_{ui} \left[(0.1+n)T_s + \frac{L}{K_{pi}} \right] \qquad (3.3.36)$$

$$K_{ui} = \frac{C}{6 \left[(0.1+n)T_s + \frac{L}{K_{pi}} \right]^2} \qquad (3.3.37)$$

式中，n 取值为 16。

根据式(3.3.34)和式(3.3.35)可求得其电压环 PI 参数。

5）开关管应力分析

假设该变换器的效率 $\eta = 90\%$，得到变换器上各开关管的电压和电流应力如表 3.3.2 所示，考虑 1.5～2 倍裕量，可选取开关管的型号。

表 3.3.2　各开关管流经电压、电流应力对应表

开关管	电流应力	电压应力
$Q_{i1},Q_{i3},Q_{i4},Q_{i2}(i=a,b,c),Q_{p1},Q_{p2}$	$\frac{P}{\eta \times 3 \times 220} \times \sqrt{2} \approx 10.7\text{A}$	600V
$Q_{s1},Q_{s2},Q_{s3},Q_{s4}$	$\frac{P}{400} = 11.25\text{A}$	400V

3.3.5　仿真分析

为了验证理论分析的正确性，在 Matlab Simulink 中搭建变换器的模型进行仿真分析。变换器的仿真参数如下：

· 交流侧相电压：$V_{in} = 220\text{V}$；

· 交流电压频率：$f = 50\text{Hz}$；

· 直流侧电压：$V_o = 400\text{V}$；

· 输出功率：$P_o = 4.5\text{kW}$；

· 开关频率：$f_s = 20\text{kHz}$；

· 交流侧电感：$L = 4\text{mH}$；

· 电感寄生电阻：$R = 0.1\Omega$；

· 直流侧滤波电容：$C = 1200\mu\text{F}$。

图 3.3.18 为变换器三相交流侧电压和电流的波形，可以看到该变换器的三相电流为正弦波，且与电压同相位。而从直流侧电压波形(图 3.3.19)中可以看出变换器的电压可以稳定在 400V。图 3.3.20 为变换器交流侧电流的谐波分析，可以看到各次谐波含量都低于 0.3%，总谐波含量 THD 为 3.54%，功率因数可达0.99。由此可见，仿真结果验证了理论分析的正确性。

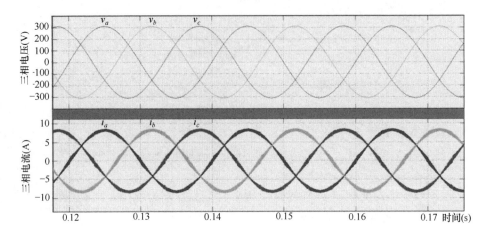

图 3.3.18　三相电压与电流波形

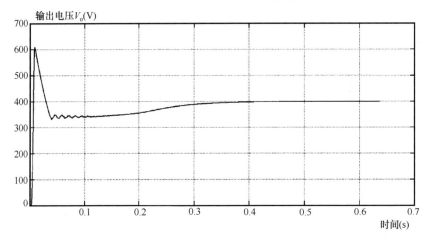

图 3.3.19　母线电压波形

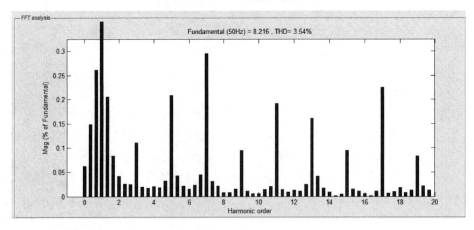

图 3.3.20　电流谐波分析

3.4 本章小结

本章介绍了直流母线数据中心供电系统接口变换器的作用、研究现状,在之前研究的基础上提出了一种新的单级式隔离型三相双向 AC/DC 变换器拓扑。该拓扑具有输入功率因数高、升降压输出、高频电气隔离以及电能双向流动的特点,因此适合作为直流母线数据中心供电系统接口变换器。不仅仅是数据中心的应用场合,该单级式隔离型三相双向 AC/DC 变换器拓扑还可用于交流微网系统的蓄电池型逆变器,以及交直流混合微网中交直流母线之间的接口变换器,它与传统的三相电压型 PWM 整流器相比,不需要外加工频变压器或者 DC/DC 降压变换环节,具有功率密度更高、成本更低的优点。

第4章 光伏电池与直流母线的接口单元

4.1 引　言

随着能源危机和环境污染问题的加剧,人们不断寻找新的能源来代替传统的化石能源。作为绿色环保可再生能源中的一种,太阳能取之不尽、用之不竭,成为本世纪备受瞩目的替代能源。太阳能的转换方式多种多样,目前技术比较成熟的是光伏发电技术。随着人们对可再生能源认识的提高以及太阳能光伏电池价格的下降,太阳能发电技术的应用前景十分广阔[30,31]。

在本书提出的绿色数据中心供电系统中,母线电压为380V,通常光伏电池的输出电压为30~50V,因此在二者之间需连有一个具有升压特性的变换器,作为光伏电池的接口,如图4.1.1所示。

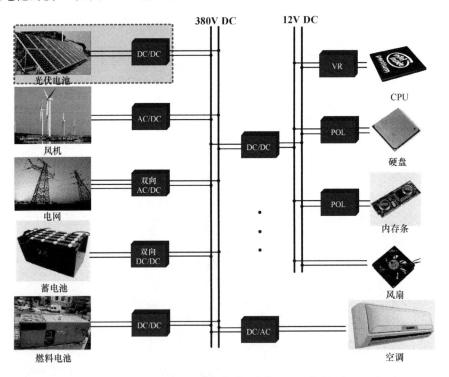

图 4.1.1　数据中心双直流母线供电系统结构图

太阳能光伏发电的核心是太阳能光伏电池,太阳能光伏电池的种类主要有以下几种:晶体硅太阳能光伏电池、砷化镓太阳能光伏电池、碲化镉太阳能光伏电池等。目前以晶体硅太阳能光伏电池的市场应用最为广泛。

太阳能光伏电池是由可以进行光电转换的晶体硅排列组成的一种半导体器件,在太阳光照下,可以直接将太阳光光能转换为电能,是太阳能光伏发电系统中最重要的基本组成部分。

太阳能光伏电池的基本特性与普通二极管非常类似,其工作原理可以简单地理解为半导体 P-N 结的光生伏特效应。其中光生伏特效应就是在太阳能光照后,半导体内部的原有平衡状态被打破,传导电流中载流子的分布状态和浓度发生了变化,从而产生电流和电动势的一种效应。

由晶体硅材料制成的 P-N 型太阳能光伏电池,主要由上部 P 端正电极、扩散层、基区层和下部 N 端负电极这几部分所组成。图 4.1.2 所示为太阳能光伏效应的原理图,太阳光照射到太阳能光伏电池表面,其半导体 P-N 结的 P 区和 N 区中原子的价电子在吸收太阳能光子能量后,电子脱离共价键的束缚,在价带中留下了一个空穴,多余的空穴就会在 P-N 结内部产生处于非平衡状态的电子-空穴对,而电子-空穴对由于没有使之复合的能量,无法复合。此时,在原本已形成的太阳能光伏电池 P-N 结内建立的势垒电场作用下,电子-空穴对被分离,电子向 N 区集中,空穴向 P 区集中,从而产生了与 PN 结内建电场方向相反的光生电场,即光生电动势。如果在太阳能光伏电池的正负电极接上负载,即可有电流流过负载,从而实现功率的输出,实现了太阳能与电能的直接转换[32]。

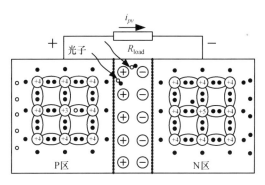

图 4.1.2 光伏效应原理图

太阳能光伏电池等效的电路框图如图 4.1.3 所示,图中,I_{ph} 为光伏电池的光生电流,它与太阳能光伏电池的面积大小和照射光的强度成正比例关系,可以近似看做一个恒流源。当它流过负载时,就产生了正向压降;当太阳能光伏电池在没有光照的情况下,在外电压的作用下,其 P-

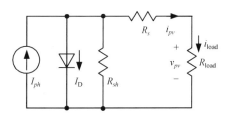

图 4.1.3 太阳能光伏电池的等效电路框图

N 结内就会有一个单向的电流流过,其方向与电流 I_{ph} 方向相反,为二极管电流 I_D,也称为暗电流;如图 4.1.3 所示,其中 R_s 为等效的串联电阻,R_{sh} 为旁路电阻,它们主要是由太阳能光伏电池的内部结构和电极与硅材料所决定,是光伏电池的自带电阻。R_s 与 R_{sh} 相比,R_s 为低阻值,R_{sh} 则是高阻值。

根据上面太阳能光伏电池等效的电路图,可以得出太阳能光伏电池的输出 I-V 特性方程:

$$i_{pv} = I_{ph} - I_D - \frac{v_{pv} + i_{pv} \cdot R_s}{R_{sh}} \tag{4.1.1}$$

根据二极管的伏安特性曲线,可以得出暗电流 I_D 的表达式为

$$I_D = I_{sat} \cdot \left[\exp\left(\frac{q \cdot (v_{pv} + i_{pv} \cdot R_s)}{A_c \cdot k \cdot T} \right) - 1 \right] \tag{4.1.2}$$

式中,I_{sat} 为太阳能光伏电池的等效二极管的反向饱和电流(A),T 为太阳能光伏电池的绝对温度(K),A_c 为 P-N 结曲线常数,q 为电子电荷(C),k 为波尔兹曼常数。

根据以上两公式,可以得到特定规格的太阳能光伏电池在特定光照强度和温度下的输出特性 P-V 和 I-V 曲线,如图 4.1.4 所示,其中 V_{oc} 为外电路断路时的电压,即开路电压;I_{sc} 为太阳能光伏电池的外电路短接的情况下其流出的电流,即短路电流;M 点是太阳能光伏电池的最大功率输出点,I_m 是最大功率点的电流,V_m 是最大功率点的电压。上述是太阳能光伏电池输出的主要性能指标。

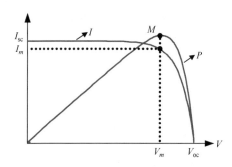

图 4.1.4 太阳能光伏电池的输出特性 P-V 和 I-V 曲线

另外,根据之前所提到的太阳能光伏电池的工作受到很多外部因素的影响,其中以太阳光的光照强度和环境温度对其输出影响较大。当环境温度不变时,太阳能光伏电池的短路电流 I_{sc} 和光照强度成正比例关系,最大的输出功率随着光照强度的增大而增大;当光照强度不变时,短路电流 I_{sc} 随环境温度的上升会有一点略微的上升,近似呈现出一种正温度系数的关系;太阳能光伏电池的最大输出功率则随着温度的上升会略有微小的下降。

太阳能光伏发电技术是太阳能电池中的晶体硅在太阳光照射下产生光生伏特效应,把太阳能直接转换成电能的技术。与其他新能源发电技术相比,太阳能光伏发电具有以下优点:

(1) 利用太阳能,清洁无污染,环保。太阳能发电无需原料,不排放废水,废物等。

(2) 经济实用性强。太阳能光伏发电系统运行,只需要将太阳能光伏电池板

对着太阳方向即可使用,无需附加设备和线路传输,减少不必要的经济开支。

(3)使用寿命长,可靠性高。太阳能光伏发电装置出厂前都经过严格反复的测试工作,使用寿命很长。

(4)功率电压等级设计自由度高。可以按照应用场合的要求,以模块的形式集成,无论功率电压多少,都可以集成,而且发电效率基本一样。

当然,它也存在着一些缺点。由于太阳能光伏发电技术是通过太阳光产生电能,因此它受太阳能的影响较大。在昼夜交替变化,阴云和季节性的变化影响下,太阳能光强和温度都随之变化,因此太阳能光伏电池的输出特性也随之变化。同时太阳能光伏电池本身不能存储能量,为了最大限度地利用太阳能,在独立发电系统中需加入蓄电池之类的储能装置。但由于它的优点符合社会和经济的发展,受到世界各国的广泛关注和重视,发展很快。

4.2 光伏接口单元的研究现状

4.2.1 变换器拓扑结构

单块太阳能光伏电池的标准开路电压为 30～50V,而直流母线的电压为 380V,如果采用单级式的 DC-DC 变换器,则电路需要比较高的电压升压比。升压电路使用最多的 Boost 变换器,因其结构简单,控制方便,但是按照系统的性能指标,Boost 变换器的占空比需要达到 0.9 左右,同时对太阳能光伏电池还需要进行 MPPT 控制,这样电路就比较难优化设计,不满足本系统的要求。

全桥直流变换器主要应用于大功率场合,采用移相的控制技术可以实现开关管的软开关,提高变换器的效率[33],如图 4.2.1 所示。图中 L_r 是变压器漏感之和,当原边电流 i_L 换向的这段时间,i_L 不足以提供负载电流,为了提供负载电流,副边的四个整流二极管都处于导通状态,副边电压 v_{rect} 为零,这样就产生了副边占空比丢失的现象。漏感越大,副边占空比丢失现象越严重,可以通过减小漏感来减小副边占空比的丢失,但是本系统所要使用的 DC/DC 变换器的升压比比较高,变压器

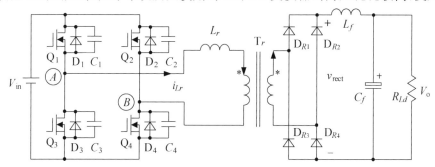

图 4.2.1　全桥直流变换器的主电路

原副边的匝比设计就需要比较大,匝比的增大会导致变压器的漏感增大,因此变压器的设计很难满足的要求。

推挽变换器也同样可用于高升压比的应用场合,但由于其电路是不可能完全对称的,如两开关管导通时的通态压降不同,或开通时间不同,这样变压器原边的高频交流电压上就叠加了一个直流电压,即直流偏磁。由于原边绕组的阻抗很小,如果作用时间较长,很小的直流偏磁电压也会使变压器磁芯单方向饱和,产生较大的磁化电流,这样会使变换器很难正常工作,甚至会损坏器件。

4.2.2　MPPT 技术

从太阳能光伏电池的输出 I-V 和 P-V 特性曲线可知,在不同的光照和温度下,始终存在着一个最大的功率输出点,为了能够最大限度地利用太阳能,必须采用最大功率点跟踪技术。

MPPT 技术即通过控制太阳能光伏电池输出端的电压或者电流,实现太阳能光伏电池在任意的光照强度和环境温度下输出最大功率。目前使用最为广泛的 MPPT 技术主要有三种:恒定电压法、增量电导法和扰动观察法[34]。

1. 恒定电压法

从图 4.1.4 中的 I-V 和 P-V 特性曲线可知,在环境温度不变的情况下,光照强度较高时,输出特性曲线上的最大输出功率点基本上是分布在一条垂直线的两侧,因此可以把太阳能光伏电池的最大输出功率线近似为一条垂直线。恒定电压法就是利用这条近似的垂直线来控制太阳能光伏电池的输出电压恒定,进而实现最大功率的输出,MPPT 控制就可以简化为恒压控制。根据工程经验,太阳能光伏电池的最大输出功率点的输出电压 V_m 近似为其开路电压 V_{oc} 的 76% 左右,此时既能实现最大能量的输出,也提高了发电的效率。

恒定电压法具有控制方式简单、可靠稳定性较高等优点,但是其控制的输出电压 V_m 与 V_{oc} 的比值是一定值,而在实际情况下,最大输出功率是随着光照强度和环境温度变化的,同时不同生产厂家的太阳能光伏电池产品的性能不一样,则输出的开路电压也会有所不一致,同时随着季节和白天夜晚的变化而变化,因此恒定电压法的控制精度会有所变化,甚至会导致功率输出效率非常低。

2. 增量电导法

太阳能光伏电池的输出功率

$$P_{PV} = V_{PV} \cdot I_{PV} \tag{4.2.1}$$

式(4.2.1)两边对电压 V_{PV} 分别进行求导,可得

$$\frac{\mathrm{d}P_{PV}}{\mathrm{d}V_{PV}} = I_{PV} + V_{PV} \cdot \frac{\mathrm{d}I_{PV}}{\mathrm{d}V_{PV}} \tag{4.2.2}$$

由太阳能光伏电池的输出特性曲线可知,太阳能光伏电池的最大输出功率点

处的斜率为零,即 $dP_{PV}/dV_{PV}=0$,则

$$\frac{dI_{PV}}{dV_{PV}} = -\frac{I_{PV}}{V_{PV}} \tag{4.2.3}$$

增量电导法的原理就是通过比较太阳能光伏电池的输出电导的幅值和输出电导的变化量,进而实现太阳能电池最大功率点的跟踪。增量电导法的优点主要有控制比较精确,能最大限度地利用太阳能功率,使用效率较高,控制的响应速度也比较快,但是它的步长是固定的,追踪时间难以灵活控制,可对其进行改进,采用变步长电导增量法。

3. 扰动观察法

扰动观察法的具体实现方法:先设定一初始的参考输出电压值,然后通过改变参考输出电压值,测量其输出功率的变化,与未改变参考输出电压值的功率值相比较,若输出功率值增加,则参考输出电压值的变化方向正确,继续按原来的方式改变参考值;反之,若输出功率值减小,则参考输出电压值的变化方向错误,需改变参考电压变化的方向。

扰动观察法只需要检测太阳能光伏电池的输出电压和输出电流,其优点主要有结构简单,跟踪方法简单,比较容易实现。

4.3 一种光伏发电系统中的高升压比变换器

本系统中光伏接口单元 DC-DC 变换器采用 Boost 变换器和 LLC 谐振全桥直流变压器组成的两级式结构,前级 Boost 变换器,其功能是初步升压,同时实现 MPPT,后级的功能是高效地将电压进一步升压到 380V,采用效率较高的固定占空比控制的 LLC 谐振全桥直流变压器(DC Transformer,DCX)。两级之间的电压如果太高,Boost 变换器的升压比较高,输出电压值较大,开关管和二极管的电压应力较高。如果电压较低,则 LLC DCX 承受较大升压比,难于优化。因此折中选择 100V。如图 4.3.1 所示为 DC-DC 变换器的主电路图。

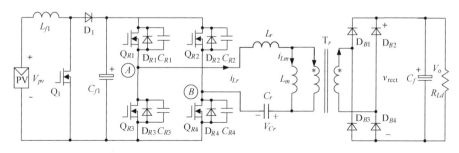

图 4.3.1　DC-DC 变换器的主电路图

4.3.1 工作原理

1. Boost 变换器

Boost 变换器是应用最为广泛的变换器之一,其主电路如图 4.3.2 所示,主要

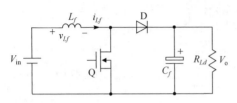

包括电感 L_f、开关管 Q、二极管 D、和滤波电容 C_f。Boost 升压变换器有电感电流连续和电感电流断续两种工作方式。

1) 电感电流连续方式

在开关管 Q 导通时,输入电压加在电感 L_f 两端,电感电流 i_{Lf} 从 I_{Lfmin} 开始线性

图 4.3.2 Boost 升压变换器的主电路

上升,此时二极管 D 关断,负载由滤波容 C_f 提供能量。当电感电流 i_{Lf} 上升到最大值 I_{Lfmax} 时,此时关断开关管 Q,电感电流 i_{Lf} 通过二极管流向输出一端,电源和电感的储能向负载和滤波电容提供能量,此时输出电压 V_o 和输入电压 V_{in} 的差值加在电感 L_f 上,电感电流 i_{Lf} 开始线性下降。电感电流连续方式的主要电路波形图如图 4.3.3(a)所示。

根据稳态工作时,伏秒面积平衡,可以推算公式得出

$$\frac{V_o}{V_{in}} = \frac{1}{1-D} \tag{4.3.1}$$

2) 电感电流断续方式

电感电流断续方式就是电感电流线性下降到 0,出现了电流断续的情况,与电感电流连续方式相比较,在电流下降到 0 时,电感没有电流流过,开关管处于关断状态,滤波电容给负载提供能量。电感电流断续方式的主要电路波形图如图 4.3.3(b)所示。

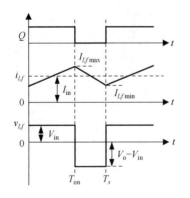
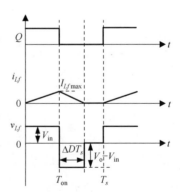

(a) 电感电流连续模式　　　　　　　(b) 电感电流断续模式

图 4.3.3 不同工作模式下主要波形图

根据稳态工作时,伏秒面积平衡,可以推算公式得出

$$\frac{V_o}{V_{in}} = \frac{D + \Delta D}{\Delta D}$$ (4.3.2)

式中,ΔD 为电感电流续流时间与开关周期时间的比值。

2. LLC 谐振全桥直流变压器

LLC 谐振全桥直流变压器可以实现全负载范围内的开关管 ZVS 和整流二极管 ZCS,为了尽可能地提高效率,设计系统中的 LLC 谐振全桥直流变压器的开关频率与 L_r、C_r 谐振频率相等。如图 4.3.4 所示为 LLC 谐振全桥直流变压器的主电路图和主要工作波形图。其中 L_r 为谐振电感,L_m 为励磁电感,C_r 为谐振电容,V_{AB} 为桥臂两端电压,i_{Lr} 为谐振电感电流,i_{Lm} 为励磁电感电流,i_s 为副边整流后的电流。

$$f_r = 1/(2\pi \sqrt{L_r C_r})$$ (4.3.3)

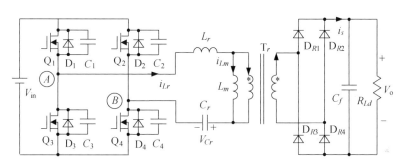

(a) 主电路拓扑

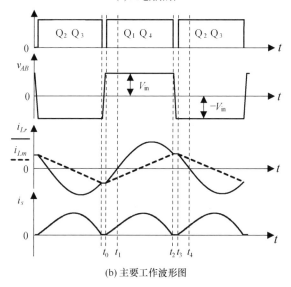

(b) 主要工作波形图

图4.3.4 LLC 谐振全桥直流变压器的主电路和工作波形图

LLC谐振全桥直流变压器在一个开关周期内,有6个开关模态,为便于分析各个模态,假设各个开关管和二极管都是理想开关器件,电感和电容都为理想元件。图4.3.5所示为LLC谐振全桥直流变压器在不同的开关模态下的等效电路图。

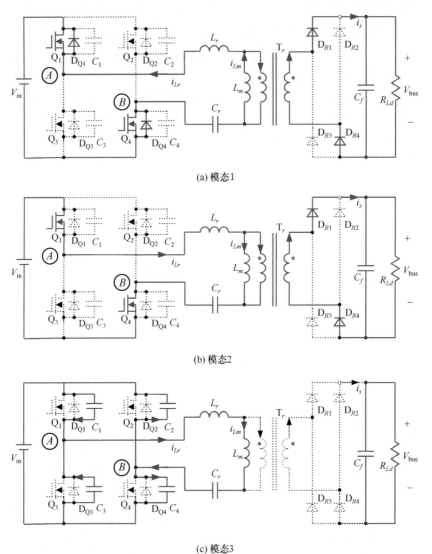

(a) 模态1

(b) 模态2

(c) 模态3

图4.3.5 LLC谐振全桥直流变压器不同开关模态下的等效电路

1) 开关模态1$[t_0 \sim t_1]$(图4.3.5(a))

在t_0时刻,开关管Q_1、Q_4开通,由于电容C_1和C_4上的电压为零,因此开关管是ZVS开通。二极管D_{R1}、D_{R4}导通,励磁电感L_m上的电压因D_{R1}、D_{R4}导通而被钳位。此时谐振电感L_r,谐振电容C_r形成了LC谐振网络,通过谐振,谐振电流i_{Lr}上升,励磁电流i_{Lm}则线性上升。

2) 开关模态 2 $[t_1 \sim t_2]$（图 4.3.5（b））

在 t_1 时刻，谐振电流 i_{Lr} 为零，谐振电流 i_{Lr} 流过开关管 Q_1、Q_4 所提供的回路，此时二极管 D_{R1}、D_{R4} 仍然导通，谐振电流 i_{Lr} 继续上升，励磁电流 i_{Lm} 也同样线性上升，此模态副边电流 i_s 为 i_{Lr} 与 i_{Lm} 两者之差。

3) 开关模态 3 $[t_2 \sim t_3]$（图 4.3.5（c））

在 t_2 时刻，谐振电流 i_{Lr} 和励磁电流 i_{Lm} 相等，则 i_s 为零，二极管 D_{R1}、D_{R4} 自然关断，副边与原边暂时脱离，输出滤波电容给负载提供能量；励磁电感 L_m 的电压不被钳位，励磁电感 L_m 参与到谐振中，形成 LLC 谐振。开关管 Q_1、Q_4 关断后，谐振电流 i_{Lm} 通过电容 C_1 和 C_4，使之电压充电到 V_{in}，与此同时电容 C_2 和 C_3 的电压放电到零，二极管 D_2 和 D_3 自然导通。

下半个周期的 3 个开关模态与上半个周期的开关模态类似，不作详细的叙述。

4.3.2　系统的性能指标

系统的性能指标如下：
- 最大输入功率 $P_{in1} = 155 \times 8 = 1240(\mathrm{W})$；
- 开路电压 $V_{in1\_oc} = 43.2\mathrm{V}$；
- 短路电流 $I_{in1\_sc} = 39.2\mathrm{A}$；
- 最大功率输出点电压 $V_{in1\_m} = 34.4\mathrm{V}$；
- 最大功率输出点电流 $I_{in1\_m} = 36.1\mathrm{A}$；
- 直流母线电压 $V_o = 380\mathrm{V}$；
- 额定功率 $P_o = 1000\mathrm{W}$。

4.3.3　系统的主电路设计

1. Boost 主电路参数设计

1) 功率器件的选择

本章所采用的太阳能光伏电池板在标准条件下可以输出 1240W 的功率，但是在实际的使用过程中，最多可以输出大概 1000W 的功率。设计的 DC-DC 变换器的前级 Boost 升压变换器的输出电压是 100V，因此开关管的电压应力为 100V，开关管的电流应力是电感峰值电流，太阳能光伏电池的最大输出电流大概为 36A，即 Boost 升压变换器的电感 L_{f1} 的平均电流的峰值值为 36A，一般取电感电流的 20% 为脉动电流，那么开关管所承受的峰值电流为

$$I_{Q1max} = I_{in\_max} + \frac{\Delta i_{Lf1}}{2} = 39.7\mathrm{A} \tag{4.3.4}$$

根据所计算的开关管电压和电流应力，选择 Infineon 公司 MOSFET 功率开关管 IPP111N15N3G（$V_{DSS} = 150\mathrm{V}$，$R_{DS(on)} = 0.01\Omega$，$I_{DM} = 83\mathrm{A}@25℃$，$59\mathrm{A}@100℃$）。

变换器中的功率二极管电压应力和电流应力与开关管的一致，根据二极管所

承受的电压和电流应力,选择 Vishay 公司肖特基功率二极管 V60200PG($V_{RRM}=$ 200V,$I_{FAVM}=$ 60A@100℃)。

2) 电感和电容的设计

Boost 升压变换器工作在电感电流连续状态,开关频率设计为 $f_s=50\text{kHz}$,公式推算可知

$$L_{f1}=\frac{V_{\text{in}}\cdot T_s}{\Delta i_{Lf1}}\times\left(1-\frac{V_{\text{in}}}{V_{\text{o}}}\right) \quad (4.3.5)$$

由式(4.3.5)可知 Boost 电感与电路输入电压的关系,经计算和经验,最终选取 Boost 电感是 72 μH。根据 AP 法计算,可以确定磁芯大小,查磁芯手册,选择 EE65 的磁芯,计算得到匝数 20 匝,气隙 3mm。

输出滤波电容 C_{f1} 一般根据输出滤波电容上的电压的脉动计算得到。输出滤波电容的电压脉动由电容的等效串联电阻 ESR_{Cf1} 上的电压脉动和电流给电容充放电的电压脉动两部分组成。在具体的实验中,一般输出滤波电容选取电解电容,而其容量比较大,因此电流给电容充放电所带来的电压脉动比较小,所以输出滤波电容上的等效串联电阻 ESR_{Cf1} 所引起的电压脉动是电容脉动的主要部分。根据式(4.3.6)可以计算得到 ESR_{Cf1}。

$$\Delta V_{Cf1}=\Delta I_{Cf1}\cdot\text{ESR}_{Cf1} \quad (4.3.6)$$

式中,ΔV_{Cf1} 为输出滤波电容的电压脉动,ΔI_{Cf1} 为输出滤波电容的电流脉动。

根据实际的工程经验,取 $\Delta V_{Cf1}=2‰\times V_{\text{o}}=0.2\text{V}$;取 $\Delta I_{Cf1}=20\%\times I_{\text{o}}=$ 1.9A;则根据式(4.3.6),可以计算出 $\text{ESR}_{Cf1}=0.1053\Omega$。根据输出滤波电解电容和其等效的串联电阻的关系,如式(4.3.7)所示。

$$C_{f1}=\frac{65\times10^{-6}}{\text{ESR}_{Cf1}} \quad (4.3.7)$$

根据式(4.3.7)可以计算得到,并考虑裕量和实际电解电容容量,采用两个 820μF/250V 的电解电容。

2. LLC 谐振全桥直流变压器主电路参数设计

1) 变压器的设计

由于谐振电感的存在,会产生占空比丢失的现象,为了在任意的输入电压时都能够得到所需的输出电压,变压器设计匝比应该按照最低的输入电压和最大的输出功率来设计,此时占空比丢失最严重,选择副边的最大占空比为 $D_{\text{sec(max)}}=$ 0.92,则可以计算出副边的电压最小值 $V_{\text{sec(min)}}$ 为

$$V_{\text{sec(min)}}=\frac{V_{\text{o(max)}}+2V_{\text{D}}+V_{Lf}}{D_{\text{sec(max)}}}=\frac{380+2\times1.5+0.5}{0.92}=426.1(\text{V}) \quad (4.3.8)$$

其中 $V_{\text{o(max)}}$ 是 LLC 谐振全桥直流变压器的输出电压最大值,V_{D} 是输出整流二极管的通态压降,因为副边采用的是全桥整流电路,因此通态压降应为 $2V_{\text{D}}$,V_{Lf} 是输出滤波电感上的直流压降。故变压器的原副边匝比 K 为

$$K = \frac{V_{in}}{V_{sec(min)}} = 0.235 \qquad (4.3.9)$$

根据 AP 法计算,可以确定磁芯的大小,查磁芯手册,选择 EE42C 的磁芯。考虑到磁芯的损耗和所选磁芯的性能,取最高的工作磁感应密度 $B_m = 0.15\text{T}$,窗口填充系数为 0.2,开关频率 $f_s = 100\text{kHz}$。则副边的匝数 N_s 为

$$N_s = \frac{D_{sec(max)} \cdot V_{sec(min)}}{4 \cdot f_s \cdot A_e \cdot B_m} \qquad (4.3.10)$$

则由原副边匝比,可以算得原边的匝数 N_p 为 8.43。实际取 N_p 为 9,则同样由原副边匝比,可以计算得到副边的匝数为 38.35,实际取 N_s 为 39,变压器匝比 $K = N_p/N_s = 0.231$,变压器工作时的最大磁感应强度 B_{max} 为

$$B_{max} = \frac{D_{sec(max)} \cdot V_{sec(min)}}{4 \cdot f_s \cdot A_e \cdot N_s} = 0.14\text{T} \qquad (4.3.11)$$

通过计算可知,设计的变压器满足要求。

2) 功率开关管和二极管的选取

根据 LLC 谐振全桥直流变压器的开关管电压应力 $V_{Q\_max} = V_{in\_max} = 100\text{V}$,流过开关管的电流最大值为

$$I_{Q(max)} = I_{p(max)} = \frac{I_{Lmax}}{K} = 11.34\text{A} \qquad (4.3.12)$$

根据以上计算得到的功率开关管的电压和电流应力,选择 Fairchild 公司 MOSFET 功率开关管 FDP42AN15AO($V_{DSS} = 150\text{V}$,$R_{DS(on)} = 0.04\Omega$,$I_{DM} = 35\text{A@}25℃$,$24\text{A@}100℃$)。

LLC 谐振全桥直流变压器最大输入功率是 960W,假设变换器的效率为 0.95,则变换器的输出功率是 912W。则最大的输出电流值

$$I_o = \frac{P_o}{V_o} = 2.40\text{A} \qquad (4.3.13)$$

功率二极管的电压应力为

$$V_{D(max)} = \frac{V_{in(max)}}{K} = 424.7\text{V} \qquad (4.3.14)$$

根据实际的工程经验,一般输出滤波电感上的电流纹波选取 20% 的输出最大电流,则功率二极管所承受的峰值电流为

$$I_{D(max)} = I_o + \frac{\Delta i_{Lf}}{2} = 2.65\text{A} \qquad (4.3.15)$$

根据所计算的二极管电压和电流应力,选择 ST 公司碳化硅功率二极管 STP-SC806D($V_{RRM} = 600\text{V}$,$I_{FAVM} = 8\text{A@}115℃$)。

3) 谐振电感和谐振电容的设计

在稳定工作的情况,LLC 谐振全桥直流变压器中的谐振电容 C_r 主要作用是储

存谐振的能量；用于 LLC 谐振的能量由输出功率的大小决定，因此谐振电容 C_r 变大时，输出直流母线电压就越小，这样可以得到谐振电容 C_r 值

$$C_r = \frac{I_o}{4Kf_s(V_{\sigma(\max)} - KV_o)} \qquad (4.3.16)$$

式中，$V_{\sigma(\max)}$ 为谐振电容 C_r 所承受的最大电压值。经式(4.3.16)计算，选择 158nF 的电容。

根据式(4.3.3)，可以推算得到谐振电感 L_r 的表达式

$$L_r = \frac{1}{4\pi^2 f_r^2 C_r} \qquad (4.3.17)$$

由式(4.3.17)计算得到谐振电感 L_r 为 15.6μH。根据 AP 法计算，可以确定磁芯大小，查磁芯手册，选择 EE33 的磁芯，计算得到匝数 14 匝。

根据工程经验，一般谐振电路中的励磁电感 L_m 与谐振电感 L_r 的关系为

$$L_m = mL_r \qquad (4.3.18)$$

式中，m 一般取 3～5。实际选取励磁电感 L_m 为 56μH。

4.3.4　MPPT 控制技术

前面介绍的几种常用的 MPPT 控制方法，如恒压控制法、电导增量法和扰动观察法，通过比较分析，扰动观察法因其控制方式简单，算法简单，便于实现，能够满足目前电路对精度的要求，因此本系统采用扰动观察来实现 MPPT 控制，下面来介绍一下工作原理。

图 4.3.6(a)所示为扰动观察法的系统结构框图。通过采样太阳能光伏的输出电压和电流，经过 MPPT 控制器计算得到其输出功率，然后通过比较来判断输出电压和输出功率的变化方向来改变电压调节器的输出电压参考值 v_{ref}，实现朝着最大功率点的方向变化。其具体的实现过程如图 4.3.6(b)所示，P_m 点是太阳能光伏电池的最大功率点，假设初始工作在 P_1 点，参考电压 $v_{ref} = V_1$，此时改变 v_{ref} 为 $V_1 + \Delta V$，可知输出功率 P 将增大，则继续增加输出电压参考值，可知此时工作在最大功率点 P_m 的左侧；假设初始工作在 P_4 点，参考电压 $v_{ref} = V_4$，此时改变 v_{ref} 为 $V_4 + \Delta V$，可知输出功率 P 将减小，则需减小输出电压参考值，此时可知工作在最大功率点 P_m 的右侧。从上述分析可知，当太阳能光伏电池的输出电压的变化方向与功率变化方向一致时，则继续保持输出电压的变化方向，反之则需改变输出电压的改变方向。

如图 4.3.7 所示为 MPPT 控制方法的程序流程图，包括主程序和 MPPT 中断服务子程序，其主要有：系统初始化程序、MPPT 参数初始化程序、使能 MPPT 中断和启动通用定时器，主程序的循环与 MPPT 中断是相互独立的，每个周期执行一次中断，进行一次 MPPT，执行完成后回到主程序，继续等到下一次 MPPT 中断，这就实现了 MPPT 的功能。

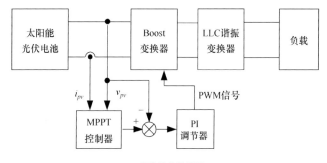

(a) 系统的结构框图

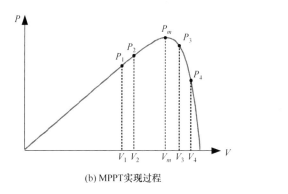

(b) MPPT实现过程

图 4.3.6　扰动观察法的系统结构框图与 MPPT 实现示意图

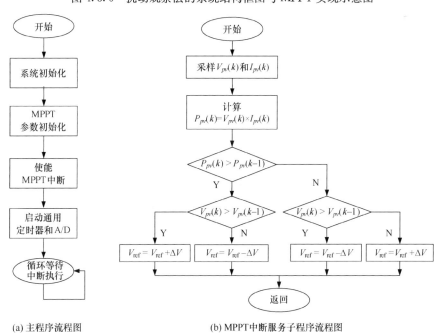

(a) 主程序流程图　　　　　　　(b) MPPT中断服务子程序流程图

图 4.3.7　扰动观察法的程序流程图

通过上述详细的叙述可知 MPPT 技术的本质是通过采样太阳能光伏电池的输出电压和电流,进行程序计算运行,控制太阳能光伏电池的输出电压或输出电流,使其工作在最大功率点处的电压或者电流,从而实现最大功率的输出。本章采用控制太阳能光伏电池的输出电压的方法实现 MPPT。

4.3.5 实验结果

在实验室制作了一台 1000 W 的太阳能光伏供电系统原理样机,并给出了实验波形。

图 4.3.8 所示为太阳能光伏变换器中的 Boost 变换器的工作波形,Boost 电路开关管的驱动 v_{Q1},Boost 变换器的输出电压 v_o,输出电流 i_o 和太阳能光伏电池输出电压 v_{pv1} 的实验波形。此时可以从输出电压可以看出可以很好地稳定在 100V 左右。

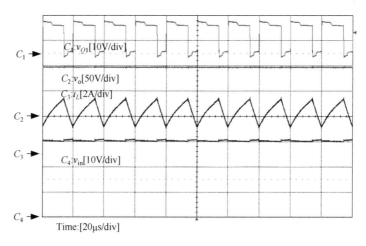

图 4.3.8 Boost 电路工作时的波形

图 4.3.9 所示为 Boost 变换器的效率曲线。分别测得从负载电流从 1A 到 10A 下各个功率点的效率。从图中可以看出,随着负载的增加,效率逐渐下降,主要原因是随着负载的增加,流过开关管和二极管的电流变大,开通和关断损耗变大。

图 4.3.10 所示为太阳能光伏变换器中的 LLC 谐振全桥直流变换器的工作波形,LLC 谐振全桥直流变换器的桥臂中点电压 v_{AB},谐振电感电流 i_L,谐振电容电压 v_G 和副边电流 i_s 的实验波形。从实验波形中可以看到,LLC 谐振全桥直流变压器的 AB 点电压 v_{AB} 均超前于谐振电流 i_L,因此开关管实现了 ZVS;同时可以看出副边整流二极管实现了 ZCS。

图 4.3.11 所示为 LLC 谐振全桥直流变换器的效率曲线。分别测得从负载电流 0.5A 到 2.5A 下各个功率点的效率。从图中可以看出,随着负载的增加,效率

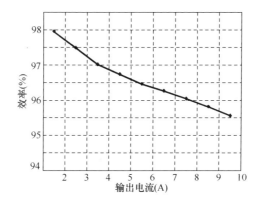

图 4.3.9 Boost 电路随功率变化的效率曲线

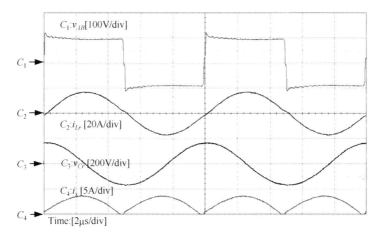

图 4.3.10 LLC DCX 实验波形

先上升后逐渐下降的趋势,主要原因是随着负载的增加,负载电流增大,则带来了
变压器和谐振电感的铜损增加,谐振电容的损耗增加。

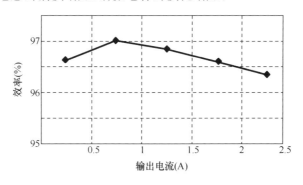

图 4.3.11 LLC DCX 随功率变化的效率曲线

图 4.3.12 所示为太阳能光照强度为 $650W/m^2$ 时,太阳能光伏电池给负载提供能量,Boost 电路开关管的驱动 v_{Q1},AB 两点的电压 v_{AB},直流母线电压 v_o 和负载电流 i_o 的实验波形。此时负载功率是 $530W$,太阳能光伏电池最大的输出功率为 $700W$ 左右,直流母线电压稳定在 $380V$,太阳能光伏电池工作在稳压的状态,且输出功率与负载功率相等。

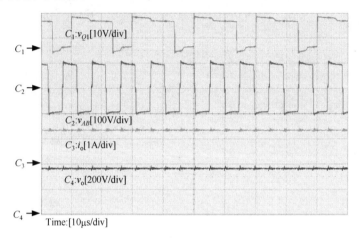

图 4.3.12 太阳能光伏电池正常工作时的波形

4.4 本章小结

本章介绍了光伏电池接口单元的作用和研究现状,选择了 Boost 变换器和 LLC 谐振全桥直流变压器组成的两级式结构作为接口单元。在太阳能光伏电池最大的输出功率小于负载所需功率时能够实现 MPPT。并在实验室研制出一台 1000W 的系统实验验证原理样机,最后进行实验验证。实验结果验证了系统的结构以及所提出的 MPPT 策略可行性和有效性。

第5章 燃料电池与直流母线的接口单元

5.1 引　言

　　燃料电池被称为继水力、火力、核能之后的第四代发电装置。国际能源界预测,燃料电池是21世纪最有吸引力的发电方法之一。我国人均能源资源贫乏,在目前电网建设滞后和传统的发电方式污染严重的情况下,研究和开发微型化燃料电池发电具有重要意义,这种发电方式与传统的大型机组、大电网相结合将给我国带来巨大的经济效益。所以在本书提出的绿色数据中心供电系统中燃料电池也作为后备电源之一保证系统的稳定运行。

　　当新能源发出的电能不能满足负载时,蓄电池被接入系统中来补足电力缺口。为了防止蓄电池过放,当蓄电池放电完毕则切出系统。这时如果系统电力仍然不足,系统中接入电网,由电网提供不足的电力。如果电网出现故障,燃料电池将接入系统来提供那部分不足的电力。因此需要一个直流变换器作为接口单元将燃料电池连接到380V直流母线上,如图5.1.1所示。

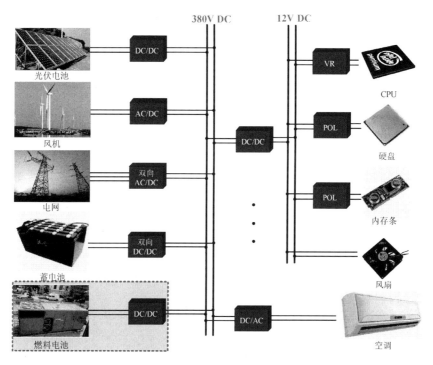

图 5.1.1　数据中心双直流母线供电系统结构图

目前应用最多、商业化最高的燃料电池是聚合物电解质膜燃料电池 PEMFC (Polymer Electrolyte Membrane Fuel Cell),因此下面以 PEMFC 为例来分析燃料电池的特性。单体 PEMFC 的电压电流曲线(即极化曲线)是反应燃料电池性能的直接参数,如图 5.1.2 所示。电池的极化曲线一般分为三段,在小电流和大电流段电压都随电流增大迅速降低,中间段电压基本随电流增大线性降低。这三段分别对应电极反应电化学极化区、电池内阻的欧姆极化区和电池内反应物控制的浓差极化区。而质子交换膜的厚度、温度以及压力也会对极化曲线产生一定的影响,在相同的电流密度条件下:①质子交换膜越厚,电池电压越低;②温度越高,电池电压越高;③压力越大,电池电压越高。

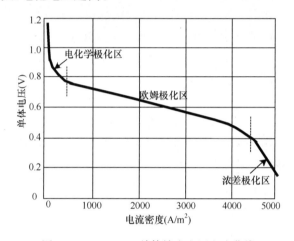

图 5.1.2　PEMFC 单体输出电压电流曲线

一般来说,燃料电池正常工作时应该工作在欧姆极化区,即其输出电压基本随输出电流增大而线性降低,负载越重,电压越低。从图 5.1.2 中可以看出,欧姆极化区最高电压是最低电压的两倍,在目前的产品中,30kW 以上的燃料电池的输出电压一般为 200~400V DC。

虽然早在 20 世纪 60 年代,美国航空航天局就与通用电气公司联合开发 PEMFC 发电机,到目前为止,国外对燃料电池供电系统的研究取得了一定的成果。但由于受燃料电池本身特点及氢气气源的限制,实际的燃料电池供电系统产品并不多。

燃料电池的输出是一个电压变化范围很大的直流电能,而直流母线所要求输出的是一个稳定的高压直流电能,因此,燃料电池发电系统中功率变换结构和拓扑选择设计时以下几点需要特别关注:

(1) 燃料电池输出端电压随电流而变化,且变化范围较大;

(2) 燃料电池单体电压较低,出于成本考虑,中小容量的燃料电池输出端电压通常较低,远低于电网峰值电压,需要进行电压的匹配;

（3）纹波电流,尤其是低频纹波电流除了会增加变换器的损耗外,还对燃料电池造成一定的损伤,影响燃料电池的使用寿命,应适当限制;

（4）目前燃料电池的成本较高,提高效率,减小所需要的燃料电池容量要求,是节约整个燃料电池发电系统成本的一个关键点。

因此,燃料电池供与直流母线的接口所采用的单向 DC-DC 变换器需要具备以下特点:

（1）当燃料电池负载变化时,其输出电压变化较大。因此要求单向 DC-DC 变换器可以在宽输入电压范围内高效工作;

（2）单向 DC-DC 变换器的输入电流脉动要小,以减小燃料电池的电流脉动,延长燃料电池的寿命;

（3）动态响应快,以此来提高系统的动态特性。

5.2　燃料电池接口单元的研究现状

根据上节内容对燃料电池特性的分析,现有以下几种电路拓扑可选择作为燃料电池接口单元中的单向 DC-DC 变换器:非隔离 Boost 变换器、正激(Forward)变换器、推挽(Push-Pull)变换器、半桥(Half Bridge)变换器和全桥(Full Bridge)变换器。

5.2.1　非隔离型变换器

为了减小输入电流纹波,最常用的非隔离变换器为交错式的 Boost 变换器,其主电路和关键波形如图 5.2.1 所示。理论上当 Boost 变换器的占空比接近 1 时,输出电压变比会变得很大,满足在输出电压较低的情况下高升压比的条件,但同时也具有以下不足:①开关管和输出二极管的电流纹波很大;②开关管的电压应力为输出电压,在高压场合下开关管选取困难;③大大增加了开关管的开关损耗和二极管的反向恢复损耗,难以达到较高的效率。

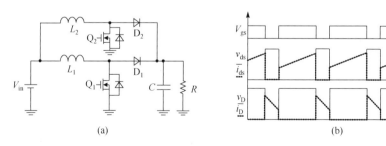

图 5.2.1　交错式 Boost 变换器及主要波形

为了解决上述问题,人们提出了三电平 Boost 变换器,如图 5.2.2 所示。跟两电平变换器相比电压变比增加了一倍,同时开关管电压应力减小了一半,因此更适于低输入高输出的应用场合。在三电平 Boost 变换器的设计过程中,可以选用耐压值较低的功率器件来减少导通损耗提高效率。同时,因为 $\mathrm{d}v/\mathrm{d}t$ 的减小,开关损耗和 EMI 噪声也大大降低了。但由于硬开关和二极管反向恢复问题的存在,三电平变换器还是难以实现较高的升压比,比如 12V/380V。

通过级联结构提高电压增益和减少电流纹波来实现高升压比,图 5.2.3 为级联结构的三电平 Boost 变换器。前级开关管电压应力较小,所以能够运行在较高的开关频率下以提高功率密度,后级要运行在较低的开关频率下以减小电压应力。但是级联的电路结构需要双倍的功率器件、磁芯和控制电路,这不但提高了成本,还增加了电路的复杂性,使得系统的稳定度大大降低。并且在高压场合下,后级电路的二极管反向恢复问题仍然存在,效率和 EMI 噪声问题仍然没有得到解决[35]。

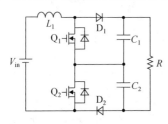

图 5.2.2 三电平 Boost 变换器　　　图 5.2.3 级联三电平变换器

5.2.2 隔离型变换器

目前绝大多数燃料电池供电系统采用的隔离型变换器为全桥变换器,如图 5.2.4所示。全桥变换器开关管电压应力为输入电压,运用合适的控制方式可以实现开关管的软开关,因此适合于大功率场合。但由于其输入电压,即燃料电池的输出电压范围很宽,这就使得变压器原副边匝比变小,占空比的变化范围很宽,增加功率器件应力和电路中的环流,从而导致变换器不能优化设计,效率降低。

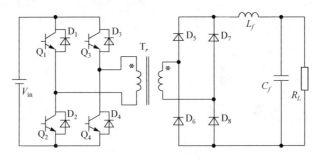

图 5.2.4 全桥变换器

由于燃料电池的输出电压范围很宽,已有的单向变换器运用于输入电压范围宽的场合后会使得设计难度加大,效率低。所以应该设计一种适合于宽输入电压范围的单向变换器,可以在全输入电压范围内高效工作。

参考文献[36]所提出的 PWM 复合式全桥三电平变换器(Hybrid Full Bridge Three-Level Converter,H-FB TL 变换器),如图 5.2.5 所示。该变换器具有以下优点:①一个桥臂是三电平桥臂,开关管的电压应力为输入电压的一半,并且可以在很宽的负载范围内实现 ZVS;②一个桥臂是两电平桥臂,开关管的电压应力为输入电压,它可以利用谐振电感的能量实现 ZVS;③它可以工作在三电平和两电平模式,其输出整流波形中高频分量小,可以减小输出滤波电感,非常适合于宽输入电压范围的应用场合。但是它的输出整流管存在反向恢复问题,要承受电压尖峰。而且,滞后管在轻载的情况较难实现 ZVS。图 5.2.6 提出了 ZVZCS H-FB TL 变换器,该变换器在保留三电平桥臂的开关管可以在很宽得负载范围内实现 ZVS 优点的同时,其两电平桥臂的开关管可以在很宽的负载范围内实现 ZCS,但是依然存在整流管反向恢复问题[37]。

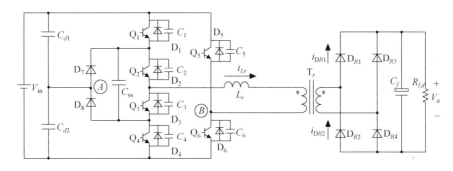

图 5.2.5　PWM 复合式全桥三电平变换器

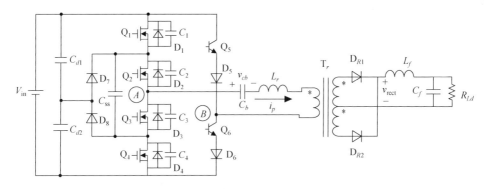

图 5.2.6　ZVZCS H-FB TL 变换器

LLC 谐振变换器将 LLC 谐振网络加入变换器,使得开关管可以几乎在全负载范围内实现 ZVS。由于该变换器副边没有滤波电感,因此如果采用全桥整流,输出整流管的电压应力仅为输出电压,而且可以实现 ZCS,避免了反向恢复引起的电压尖峰,从而减小开关损耗。变压器漏感可以被利用作为谐振电感,因此不存在由漏感引起的振荡等问题。

LLC谐振变换器的控制策略可分为两种:变频控制和定频控制。变频控制的优点是效率较高,但在输入电压范围宽和负载变化很大的情况下,变换器的开关频率范围很宽,使得变换器难以优化设计。定频控制易于优化设计磁性元件。但是当其应用到输入电压范围很宽的场合时,变压器原副边匝比将会降低,使得整流二极管电压应力增加。同时,占空比变化很大,导致环流增加,效率降低。

图5.2.7提出了一种适合于宽输入电压范围的副边控制三电平LLC谐振变换器。它在变压器副边增加辅助开关管和二极管,变压器也需要增加绕组,其电路和变压器结构很复杂[38,39]。

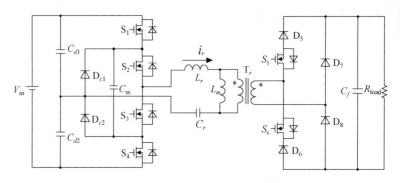

图 5.2.7　三电平 LLC 变换器

5.3　复合式全桥三电平 LLC 谐振变换器

已有的单向变换器拓扑运用于燃料电池供电系统这种宽输入电压应用场合后都存在一定的问题,所以应该设计一种适合于宽输入电压范围的单向变换器,使其可以在整个输入电压范围内高效工作。

本章将LLC谐振网络引入到H-FB TL变换器中,得到PWM H-FB TL LLC谐振变换器。该变换器集成了 H-FB TL 变换器和LLC谐振变换器的优点:

(1) 可以工作在三电平和两电平模式,在很宽的输入电压范围内高效工作,输入电流纹波和输出滤波器可以减小,因此适合于宽输入电压范围的应用场合;

(2) 三电平桥臂的开关管电压应力只有输入电压的一半;

(3) 输出整流二极管实现 ZCS,而且其电压应力仅为输出电压;

(4) 所有开关管可以在全负载范围内实现 ZVS。

因此该变换器非常适用于燃料电池供电系统。

下面将详细介绍 H-FB TL LLC 谐振变换器的工作原理、特性以及参数设计,并进行实验验证。

5.3.1 工作原理

图 5.3.1 给出了 H-FB TL LLC 谐振变换器的电路图和主要波形。四只开关管 $Q_1 \sim Q_4$ 及其体二极管 $D_1 \sim D_4$ 和寄生电容 $C_1 \sim C_4$、输入分压电容 C_{d1} 和 C_{d2}、续流二极管 D_7 和 D_8、飞跨电容 C_{ss} 组成三电平桥臂；Q_5 和 Q_6 及其体二极管 D_5 和 D_6、寄生电容 C_5 和 C_6 组成两电平桥臂。$D_{R1} \sim D_{R4}$ 是输出整流管，C_f 是输出滤波电容，

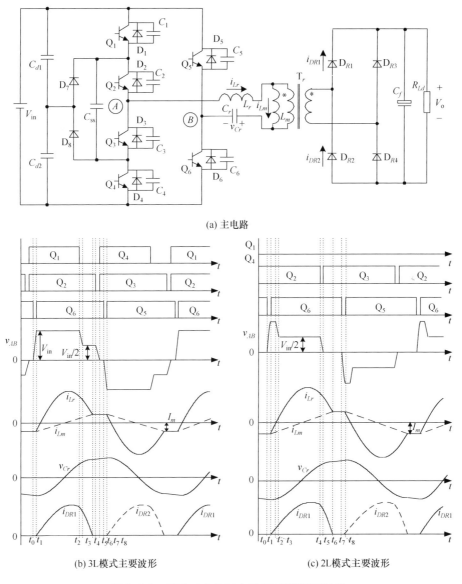

(a) 主电路

(b) 3L模式主要波形   (c) 2L模式主要波形

图 5.3.1　复合式全桥三电平 LLC 谐振变换器

是负载。谐振 R_{Ld} 电感 L_r(包括变压器的原边漏感),变压器励磁电感 L_m 和谐振电容 C_r 构成 LLC 谐振网络。由于 C_r 串联在主功率回路中,它可以同时起到隔直的作用。

Q_2,Q_3,Q_5 和 Q_6 移相控制,Q_2 和 Q_3 为超前管,Q_5 和 Q_6 为滞后管。Q_1 和 Q_4 分别相对于 Q_2 和 Q_3 进行 PWM 控制,因此被称为斩波管。

当输入电压较低时,Q_1 和 Q_4 斩波工作,Q_2 和 Q_3 与 Q_5 和 Q_6 之间有一个较小的固定相位差,将 Q_2、Q_3 实现 ZVS 和 Q_5、Q_6 实现 ZVS 分离开来。v_{AB} 为三电平波形,输出电压由斩波管的占空比来调节,称此时变换器工作在三电平模式(3L 模式),其主要波形如图 5.3.1(b)所示。

当输入电压较高时,Q_1 和 Q_4 的脉宽减小到零,Q_2 和 Q_3 与 Q_6 和 Q_5 移相工作,通过调节两者之间的移相角来调节输出电压,此时 v_{AB} 为近似两电平波形,称变换器工作在两电平模式(2L 模式),其主要波形如图 5.3.1(c)所示。

本节将详细分析变换器在 3L 模式和 2L 模式下的工作原理。在分析之前,作如下假设。

(1)所有开关管和二极管均为理想器件;

(2)所有电感、电容和变压器均为理想元件;

(3)$C_1 = C_2 = C_3 = C_4 = C_{3l}$,$C_5 = C_6 = C_{2l}$;

(4)C_{d1}、C_{d2} 足够大并且相等,它们均分输入电压,可看作电压为 $V_{in}/2$ 的电压源;

(5)飞跨电容 C_{ss} 足够大,其电压基本不变,为 $V_{in}/2$;

(6)输出电容足够大,可近似认为是一个电压源 V_o,V_o 为输出电压。

1. 3L 模式

从图 5.3.1(b)可以看出,在半个开关周期内变换器有 7 个开关模态,其等效电路如图 5.3.2 所示。

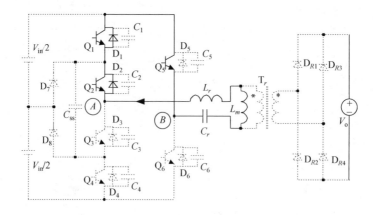

(a)t_0 时刻之前

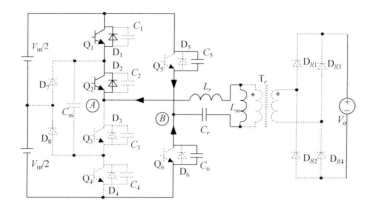

(b) [t_0, t_1]

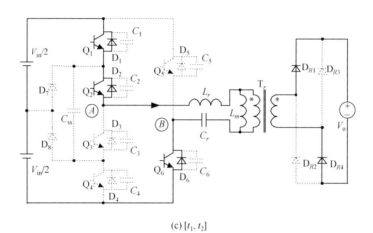

(c) [t_1, t_2]

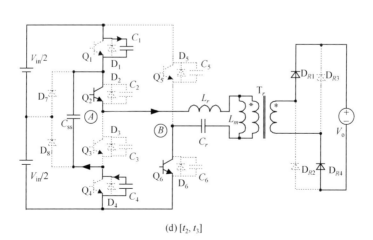

(d) [t_2, t_3]

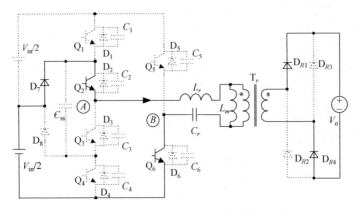

(e) [t_3, t_4]

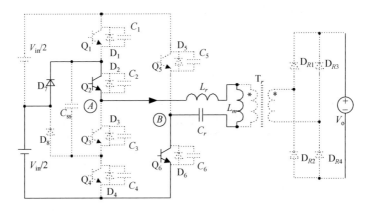

(f) [t_4, t_5]

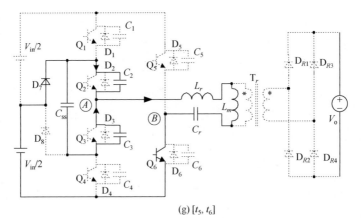

(g) [t_5, t_6]

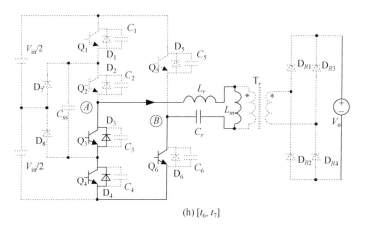

(h) $[t_6, t_7]$

图 5.3.2 三电平模式各模态等效电路

1) 开关模态 0 $[t_0$ 之前] (图 5.3.2 (a))

t_0 以前, Q_5、D_1 和 D_2 导通, AB 两点间电压 $v_{AB}=0$。所有的整流二极管都关断,输出与原边脱离, L_r、L_m 和 C_r 进行谐振。谐振电感电流 i_{Lr} 和励磁电感电流 i_{Lm} 相等,即 $i_{Lr}=i_{Lm}=-I_m$,式中 I_m 为励磁电感电流最大值。

2) 开关模态 1 $[t_0, t_1]$ (图 5.3.2 (b))

在 t_0 时刻,零电压关断 Q_5, i_{Lr} 给 C_5 充电,同时给 C_6 放电。 v_{AB} 由零变为正。由于该模态时间很短,因此可以认为 i_{Lr} 近似不变,仍为 $-I_m$。在 t_1 时刻, Q_6 的体二极管导通。

$$v_{C5}(t)=\frac{I_m}{2C_{2l}}(t-t_0) \tag{5.3.1a}$$

$$v_{C6}(t)=V_{in}-\frac{I_m}{2C_{2l}}(t-t_0) \tag{5.3.1b}$$

3) 开关模态 2 $[t_1, t_2]$ (图 5.3.2 (c))

在 t_1 时刻,零电压开通 Q_6。此时 $v_{AB}=V_{in}$, D_{R1} 和 D_{R4} 导通, nV_o 加在 L_m 上, i_{Lm} 线性上升,其中 n 为变压器原副边匝比。而($V_{in}-nV_o$)加在由 L_r 和 C_r 组成的谐振网络上, L_r 和 C_r 进行谐振, i_{Lr} 以正弦形式上升,其进一步等效电路如图 5.3.3(a)所

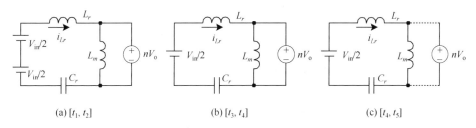

(a) $[t_1, t_2]$ (b) $[t_3, t_4]$ (c) $[t_4, t_5]$

图 5.3.3 三电平模式进一步等效电路

示。谐振电感电流 i_{Lr}、励磁电感电流 i_{Lm} 和谐振电容电压 v_{Cr} 表达式如下：

$$i_{Lr}(t) = -I_m\cos\omega_r(t-t_1) + \frac{[(V_{in}-nV_o)-V_{Cr}(t_1)]}{Z_r}\sin\omega_r(t-t_1) \qquad (5.3.2a)$$

$$v_{Cr}(t) = -Z_rI_m\sin\omega_r(t-t_1) + [(V_{in}-nV_o)-V_{Cr}(t_1)][1-\cos\omega_r(t-t_1)] \qquad (5.3.2b)$$

$$i_{Lm}(t) = \frac{nV_o}{L_m}(t-t_1) - I_m \qquad (5.3.2c)$$

式中，$\omega_r = 1/\sqrt{L_rC_r}$，$Z_r = \sqrt{L_r/C_r}$，$V_{Cr}(t_1)$ 为谐振电容电压在 t_1 时刻的值。

4) 开关模式 3 $[t_2,t_3]$ (图 5.3.2 (d))

在 t_2 时刻，关断 Q_1，i_{Lr} 给 C_1 充电，并通过 C_{ss} 给 C_4 放电。在 C_1 和 C_4 的缓冲作用下，Q_1 近似为零电压关断。D_{R1} 和 D_{R4} 仍然导通，i_{Lm} 继续线性上升。

5) 开关模式 4 $[t_3,t_4]$ (图 5.3.2 (e))

在 t_3 时刻，C_1 电压充至 $V_{in}/2$，C_4 电压下降到零，D_7 导通，$(V_{in}/2-nV_o)$ 加在由 L_r 和 C_r 组成的谐振网络上，L_r 和 C_r 进行谐振，其进一步等效电路如图 5.3.3(b) 所示。i_{Lr}、i_{Lm} 和 v_{Cr} 表达式如下：

$$i_{Lr}(t) = I_{Lr}(t_3)\cos\omega_r(t-t_3) + \left[\left(\frac{V_{in}}{2}-nV_o\right)-V_{Cr}(t_3)\right]\frac{1}{Z_r}\sin\omega_r(t-t_3)$$
$$(5.3.3a)$$

$$v_{Cr}(t) = Z_rI_{Lr}(t_3)\sin\omega_r(t-t_3) + \left[\left(\frac{V_{in}}{2}-nV_o\right)-V_{Cr}(t_3)\right][1-\cos\omega_r(t-t_3)]$$
$$(5.3.3b)$$

$$i_{Lm}(t) = \frac{nV_o}{L_m}(t-t_1) - I_m \qquad (5.3.3c)$$

6) 开关模式 5 $[t_4,t_5]$ (图 5.3.2 (f))

随着 i_{Lr} 的下降和 i_{Lm} 的上升，在 t_4 时刻，$i_{Lr}=i_{Lm}$。i_{DR1} 和 i_{DR4} 下降到零，D_{R1} 和 D_{R4} 自然关断，避免了反向恢复，此时 D_{R1} 和 D_{R4} 上的反向电压为 V_o。输出侧与谐振电路脱离。励磁电感的电压不再受输出电压限制，L_m 与 L_r 串联与 C_r 谐振。由于 L_m 比较大，在这段时间里 i_{Lr} 和 i_{Lm} 基本保持 I_m 不变。进一步等效电路如图 5.3.3(c) 所示。i_{Lr}、i_{Lm} 和 v_{Cr} 表达式如下：

$$i_{Lr}(t) = i_{Lm}(t) = I_{Lr}(t_4) = I_m \qquad (5.3.4a)$$

$$v_{Cr}(t) = V_{Cr}(t_4) + \frac{I_m(t-t_4)}{C_r} \qquad (5.3.4b)$$

7) 开关模式 6 $[t_5,t_6]$ (图 5.3.2 (g))

在 t_5 时刻，关断 Q_2。i_{Lr} 给 C_2 充电，并通过 C_{ss} 给 C_3 放电。在 C_2 和 C_3 的缓冲下，Q_2 近似为零电压关断。在 t_6 时刻，Q_3 的体二极管导通。

$$v_{C2}(t) = \frac{I_m}{2C_{3l}}(t-t_5) \qquad (5.3.5a)$$

$$v_{C3}(t) = \frac{V_{in}}{2} - \frac{I_m}{2C_{3l}}(t-t_5) \qquad (5.3.5b)$$

8) 开关模态 7 $[t_6,t_7]$（图 5.3.2(h)）

在 t_6 时刻，D_3 和 D_4 导通，此时可以零电压开通 Q_3 和 Q_4，$v_{AB}=0$。由于 L_m 较大，因此 i_L 基本保持不变，仍为 I_m 对 C_r 充电，其电压 v_G 线性反向上升。

在 t_7 时刻，零电压关断 Q_6，开始后半周期工作。

2. 2L 模式

在此模式下，Q_1 和 Q_4 完全关断，Q_2、Q_3 与 Q_5、Q_6 移相工作。图 5.2.1(c) 给出了 2L 模式下的主要波形，一个开关周期包括 14 个开关模态，其中 $[t_0,t_1]$ 时段的工作情况与 3L 模式下 $[t_0,t_1]$ 时段相同，这里不再重复。下面主要分析 $[t_1,t_7]$ 时段的工作原理，图 5.3.4 给出了该时段开关模态的等效电路。

1) 开关模态 2 $[t_1,t_2]$（图 5.3.4(a)）

在 t_1 时刻，零电压开通 Q_6，D_{R1} 和 D_{R4} 导通，nV_o 加在 L_m 上，i_{Lm} 线性上升，i_L 为负，流过 D_1、D_2 和 D_6，因此 $(V_{in}-nV_o)$ 加在 L_r 和 C_r 之上，i_L 以正弦形式上升。

2) 开关模态 3 $[t_2,t_3]$（图 5.3.4(b)）

在 t_2 时刻，i_L 上升为零，并开始正向流动。D_{R1} 和 D_{R4} 仍然导通，nV_o 加在 L_m 上，i_{Lm} 继续线性上升。i_L 给 C_1 充电，并通过 C_{ss} 给 C_4 放电。

3) 开关模态 4 $[t_3,t_4]$（图 5.3.4(c)）

在 t_3 时刻，C_1 电压充至 $V_{in}/2$，而 C_4 电压为零，D_7 导通，此时 $(V_{in}/2-nV_o)$ 加在 L_r 和 C_r 组成的谐振网络上，L_r 和 C_r 谐振。其进一步等效电路如图 5.3.5(a) 所示。i_{Lr}、i_{Lm} 和 v_G 表达式与式 (5.3.3) 一致。

4) 开关模态 5 $[t_4,t_5]$（图 5.3.4(d)）

在 t_4 时刻，关断 Q_2，在 C_2 和 C_3 的缓冲作用下，Q_2 近似为零电压关断。D_{R1} 和 D_{R4} 仍然导通，nV_o 加在 L_m 上，i_{Lm} 继续线性上升。

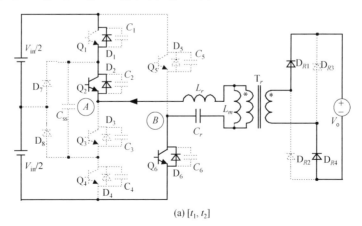

(a) $[t_1,t_2]$

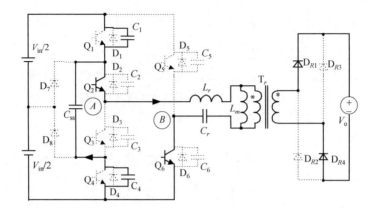

(b) [t_2, t_3]

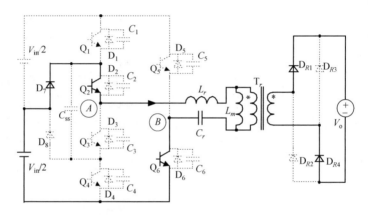

(c) [t_3, t_4]

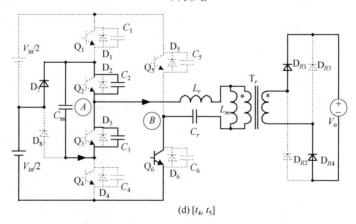

(d) [t_4, t_5]

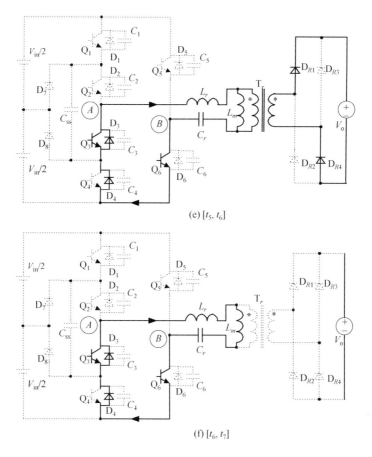

(e) [t_5, t_6]

(f) [t_6, t_7]

图 5.3.4　2L 模式等效电路

5)开关模态 6[t_5, t_6](图 5.3.4(e))

在 t_5 时刻,C_2 电压上升至 $V_{in}/2$,而 C_4 电压为零,D_3、D_4 和 Q_6 导通,此时 $-nV_o$ 加在 L 和 C 组成地谐振网络上,L_r 和 C_r 谐振。其进一步等效电路如图 5.3.5(b) 所示。i_{Lr}、i_{Lm} 和 v_G 表达式如下

$$i_{Lr}(t) = I_{Lr}(t_5)\cos\omega_r(t-t_5) + [-nV_o - V_G(t_5)]\frac{1}{Z_r}\sin\omega_r(t-t_5) \qquad (5.3.6a)$$

$$v_G(t) = Z_r I_{Lr}(t_5)\sin\omega_r(t-t_5) + [-nV_o - V_G(t_5)][1 - \cos\omega_r(t-t_5)] \qquad (5.3.6b)$$

$$i_{Lm}(t) = \frac{nV_o}{L_m}(t-t_1) - I_m \qquad (5.3.6c)$$

6)开关模态 7[t_6, t_7](图 5.3.4(f))

在 t_6 时刻,i_{Lr} 与 i_{Lm} 相等,D_{R1} 和 D_{R4} 自然关断,避免了反向恢复,它的反向电压为输出电压。变压器副边开路,L_m 与 L_r 串联与 C_r 谐振。在这段时间里,原边电流

基本保持不变,其进一步等效电路如图 5.3.5(c)所示。i_{Lr}、i_{Lm} 和 v_{Cr} 表达式如下

$$i_{Lr}(t) = i_{Lm}(t) = I_{Lr}(t_6) = I_m \qquad (5.3.7a)$$

$$v_{Cr}(t) = V_{Cr}(t_6) + \frac{I_m(t-t_6)}{C_r} \qquad (5.3.7b)$$

在 t_7 时刻,零电压关断 Q_6,开始后半周期工作。

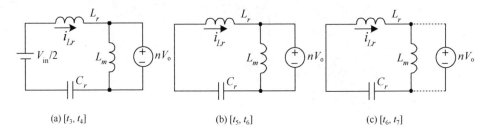

图 5.3.5　两电平模式进一步等效电路

5.3.2　变换器特性

在分析变换器特性之前先做如下定义:

L_r 和 C_r 的谐振频率　　$f_r = \dfrac{1}{2\pi\sqrt{L_r C_r}}$ $\qquad (5.3.8a)$

L_r、L_m 和 C_r 的谐振频率　$f_m = \dfrac{1}{2\pi\sqrt{(L_r+L_m)C_r}}$ $\qquad (5.3.8b)$

频率比　　　　　　　　$f_N = \dfrac{f_s}{f_r}$ $\qquad (5.3.8c)$

电压传输比　　　　　　$M = \dfrac{nV_o}{V_{in}}$ $\qquad (5.3.8d)$

式中,f_s 为开关频率。

从以上模态分析及式(5.3.8)可知,当 $f_N < 1$ 且接近于 1 时,nV_o 近似在 $T_r/2$ 时间段内加在 L_m 上,i_{Lm} 线性上升,因此 I_m 可计算得到

$$I_m = \frac{nV_o T_r}{4L_m} \qquad (5.3.8e)$$

式中,T_r 是 L_r 和 C_r 的谐振周期,$T_r = 1/f_r$。

1. 开关管电压应力

由以上的分析可知,三电平桥臂开关管的电压应力为 $V_{in}/2$,两电平桥臂开关管的电压应力为 V_{in}。

2. 电压传输比

由于开关管开关时间都相当短,因此在下面的分析中忽略不计。

从上一节的工作原理分析可以看出,H-FB TL LLC 谐振变换器在一个工作

周期中有多个谐振模态,各个谐振模态之间的转换由i_{Lr}、v_G和i_{Lm}决定,因此很难用简单的表达式描述变换器的输入输出关系。为了得到变换器稳态的特性,需要运用计算机软件进行辅助计算。

根据输入电压和负载大小,H-FB TL LLC 变换器可以工作在 3L 或 2L 模式。而无论变换器工作在 3L 还是 2L 模式,LLC 谐振网络都有三个谐振模态,其谐振模态顺序图如图 5.3.6 所示。图中 A 有以下定义:

$$A = \begin{cases} 1 & (3\text{L 模式}) \\ 0 & (2\text{L 模式}) \end{cases} \tag{5.3.9}$$

设三个谐振模态的时间段分别为$[t_{r0}, t_{r1}]$、$[t_{r1}, t_{r2}]$和$[t_{r2}, t_{r3}]$,因此式(5.3.2)~式(5.3.4)和式(5.3.6)~式(5.3.8)可以统一为以下的通式:

1) 谐振模态 1 $[t_{r0}, t_{r1}]$

$$i_{Lr}(t) = -I_m \cos\omega_r(t-t_{r0}) + \left\{ \left[(1+A)\frac{V_{in}}{2} - nV_o\right] - V_G(t_{r0})\right\} \frac{\sin\omega_r(t-t_{r0})}{Z_r} \tag{5.3.10a}$$

$$v_G(t) = -Z_r I_m \sin\omega_r(t-t_{r0}) + \left\{ \left[(1+A)\frac{V_{in}}{2} - nV_o\right] - V_G(t_{r0})\right\}[1-\cos\omega_r(t-t_{r0})] \tag{5.3.10b}$$

$$i_m(t) = \frac{nV_o}{L_m}(t-t_{r0}) - I_m \tag{5.3.10c}$$

2) 谐振模态 2 $[t_{r1}, t_{r2}]$

$$i_{Lr}(t) = I_{Lr}(t_{r1})\cos\omega_r(t-t_{r1}) + \left[\left(\frac{AV_{in}}{2} - nV_o\right) - V_G(t_{r1})\right]\frac{1}{Z_r}\sin\omega_r(t-t_{r1}) \tag{5.3.11a}$$

$$v_G(t) = Z_r I_{Lr}(t_{r1})\sin\omega_r(t-t_{r1}) + \left[\left(\frac{AV_{in}}{2} - nV_o\right) - V_G(t_{r1})\right][1-\cos\omega_r(t-t_{r1})] \tag{5.3.11b}$$

$$i_m(t) = \frac{nV_o}{L_m}(t-t_{r0}) - I_m \tag{5.3.11c}$$

3) 谐振模态 3 $[t_{r2}, t_{r3}]$

$$i_{Lr}(t) = i_{Lm}(t) = I_m \tag{5.3.12a}$$

$$v_G(t) = V_G(t_{r2}) + \frac{I_m(t-t_{r2})}{C_r} \tag{5.3.12b}$$

根据图 5.3.6 给出的谐振模态工作顺序、式(5.3.10)~式(5.3.12)及各模态之间的转换条件,运用 Matlab 可以编程分别得到变换器在 3L 和 2L 模式下的电压传输比,图 5.3.7 给出了程序流程图。

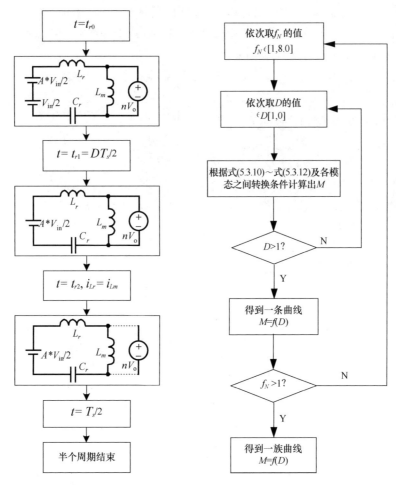

图 5.3.6　各谐振模态工作顺序图　　　图 5.3.7　计算 M 的程序流程图

图 5.3.8 给出了满载时不同 f_N 条件下,电压传输比随占空比变化而变化的曲线,这是谐振变换器最重要的特性。其中 3L 模式和 2L 模式的占空比 D 根据图 5.3.1(b) 和 (c) 所示有如下定义

$$D_{3L} = \frac{t_2 - t_0}{T_s/2}$$

(5.3.13a)

$$D_{2L} = \frac{t_4 - t_3}{T_s/2}$$

(5.3.13b)

从图 5.3.8 中可以看出变换器的电压传输比是非线性的,与普通的 PWM H-FB TL 变换器不同,这也是谐振变换器的一个特征。另外从图中还可以看出该变换器有升压特性,主要是由于谐振电流在每半个正弦波后有一段时间原副边脱离,在此期间电流基本保持不变。这个电流持续对谐振电容充电,使其储存足够的能量,在下半个周期传递给负载,这也是降低开关频率可以提高电压传输比的原因。

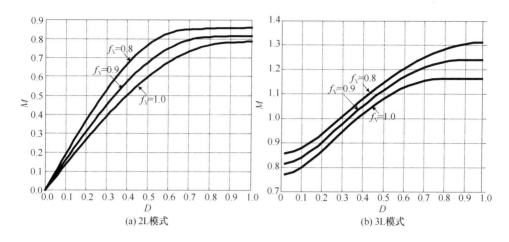

(a) 2L模式   (b) 3L模式

图 5.3.8 满载时不同 f_N 条件下电压传输比

根据同样的方法可以计算出变换器在不同负载条件下电压传输比随占空比变化而变化的曲线。图 5.3.9 给出了 $f_N=0.9$ 时不同负载条件下的电压传输比曲线。

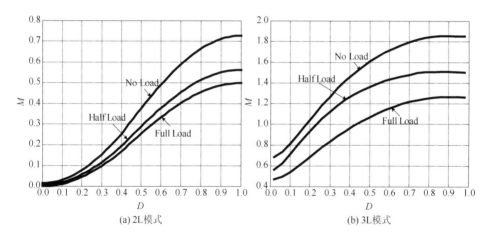

(a) 2L模式   (b) 3L模式

图 5.3.9 $f_N=0.9$ 时不同负载条件下电压传输比

从图中可以看出变换器在占空比相同而负载不同时,其电压传输比也不同,而负载越轻,电压传输比越大,这是也是 LLC 谐振变换器的一个特点。

3. 输出滤波器和输入电流纹波的比较

H-FB TL 变换器可以根据输入电压的变化工作在 2L 或 3L 模式,即可以运用最佳的工作模式和占空比来拟合输出电压,因此它的一个最大的优点是输出整流波形中高频分量小,输出滤波器可以大大减小。

H-FB TL LLC 变换器同样具有该优点。图 5.3.10 给出了在相同输出电压纹波条件下,PWM H-FB TL LLC 变换器(实线)和 PWM 全桥(FB) LLC 变换器(虚线)输出滤波电容标幺值与输入电压关系的对比曲线(以 FB LLC 变换器 $V_{in}=$ 400V 时滤波电容值为基准值)。从图中可以看出,H-FB TL LLC 变换器的滤波电容可以大大减小,大约只有 FB LLC 变换器滤波电容的一半。

图 5.3.11 给出了 H-FB TL LLC 谐振变换器和 FB LLC 谐振变换器输入电流纹波标幺值与输入电压的关系曲线(以 FB LLC 谐振变换器 $V_{in}=400$V 时输入电流纹波为基准值)。由于 H-FB TL LLC 谐振变换器可以根据输入电压的高低工作在两种不同模态,从而可以降低输入电流纹波,这一特点特别适合于燃料电池供电系统。

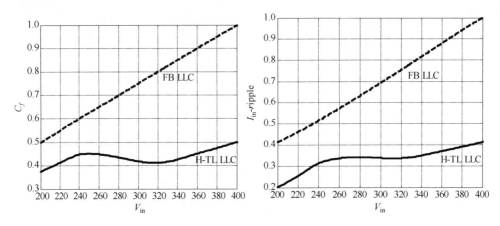

图 5.3.10　两种变换器输出滤波电容的对比　图 5.3.11　两种变换器输入电流纹波的对比

4. 开关管实现 ZVS 的条件

1) 三电平桥臂

为了实现三电平桥臂的零电压开通,必须使即将开通的开关管的结电容电压从 $V_{in}/2$ 下降到 0,同时使关断的开关管的结电容电压从 0 上升到 $V_{in}/2$,这相当于两只开关管的结电容能量进行了相互交换。完成这个能量交换,需要的外在能量 E_{lead} 必须满足下式

$$E_1 \geq \frac{1}{2}C_2\left(\frac{V_{in}}{2}\right)^2 + \frac{1}{2}C_3\left(\frac{V_{in}}{2}\right)^2 = \frac{1}{4}C_{3l}V_{in}^2 \tag{5.3.14a}$$

斩波管 Q_1 和 Q_4 在关断时刻流过的电流要比超前管 Q_2 的大(图 5.3.1(b)),所以与超前管相比,斩波管更容易实现 ZVS。

超前管在关断时由 (L_r+L_m) 对其结电容进行充电,电流保持在 I_m,因此要实现 ZVS 必须满足下式

$$\frac{1}{2}(L_r+L_m)I_m^2 \geq E_1 = \frac{1}{2}C_2\left(\frac{V_{in}}{2}\right)^2 + \frac{1}{2}C_3\left(\frac{V_{in}}{2}\right)^2$$

即

$$\frac{1}{2}(L_r+L_m)\left(\frac{nV_oT_r}{4L_m}\right)^2\geqslant\frac{1}{4}C_{3l}V_{in}^2 \qquad (5.3.14b)$$

2）两电平桥臂

Q_5 在关断时的电流也为 I_m，因此要实现 ZVS 必须满足下式：

$$\frac{1}{2}(L_r+L_m)I_m^2\geqslant\frac{1}{2}C_5V_{in}^2+\frac{1}{2}C_6V_{in}^2$$

即

$$\frac{1}{2}(L_r+L_m)\left(\frac{nV_oT_r}{4L_m}\right)^2\geqslant C_{2l}V_{in}^2 \qquad (5.3.14c)$$

从式(5.3.14)可以看出，H-FB TL LLC 变换器实现软开关范围与负载无关，只要变换器自身参数满足式(5.3.14)，就可以几乎在全负载范围内实现 ZVS。

5.3.3 参数设计

H-FB LLC 变换器的设计要求如下：
- 输入电压：$V_{in}=200\sim400\text{V DC}$；
- 输出电压：$V_o=360\text{V DC}$；
- 输出电流：$I_o=4\text{A}$；
- 开关频率：$f_s=100\text{kHz}$。

1. 谐振网络特征频率的选取

忽略开关过程，当 $f_s>f_r$ 时，其波形如图 5.3.12(a)所示。i_{Lr} 在谐振回零之前被强迫换向，副边整流二极管将被强迫关断，从而失去 ZCS，反向恢复将会导致电压尖峰。而且空载特性较差，通常需要加一定的死负载。

如果变换器工作频率 $f_s\ll f_r$，并靠近 f_m，其波形如图 5.3.12(b)所示。开关管将

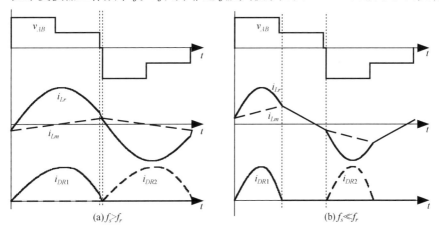

图 5.3.12 各种工作频率波形

不能实现 ZVS。在此情况下,励磁电流将会在开关管关断之前反向,使得变换器工作在 ZCS 条件下。另外,由于励磁电流长时间对 C_r 充电,C_r 也会承受很高的电压应力。

综上所述,变换器的工作频率应该低于但尽量接近于谐振频率 f_{r0},即 $f_N < 1$ 并接近于 1。取 $f_N = 0.9$,那么

$$f_r = \frac{f_s}{f_N} = \frac{100}{0.9} = 111.1(\text{kHz}) \tag{5.3.15}$$

2. 变压器原副边匝比的选取

变压器原副边匝比可以根据输入电压最低、满载的条件下来计算。由图 5.3.9(b)可知,当变换器 $f_N = 0.9$,3L 模式 $D = 1$ 满载时,$M_{max} \approx 1.25$。整流二极管的压降 $V_D = 1.5$,由此变压器匝比可以通过以下计算得到

$$n = \frac{M_{max} V_{inmin}}{V_o + 2V_D} = \frac{1.25 \times 200}{360 + 2 \times 1.5} = 0.69 \tag{5.3.16}$$

实际电路中,变压器原副边匝比为 10:16,$n = 0.63$。

3. 谐振电容 C_r 的计算

变换器稳定工作时谐振电容将储存谐振能量,由于谐振的能量取决于输出功率。C_r 越小,其电压就越高。因此,可以由它的电压限制来确定其值的选取。C_r 的最大电压为

$$V_{Crmax} = nV_o + \frac{I_o}{4nf_s C_r} \tag{5.3.17}$$

选取 C_r 电压最大值为 $V_{Crmax} = 400\text{V}$。根据式(5.3.17)可得

$$C_r = \frac{I_o}{4nf_s(V_{Crmax} - nV_o)} = 94.4\text{nF} \tag{5.3.18}$$

实际取 $C_r = 94\text{nF}$。

4. 谐振电感 L_r 的计算

在确定 C_r 后,根据式(5.3.8a)可以计算出 L_r 的大小

$$L_r = \frac{1}{4\pi^2 f_r^2 C_r} = 21.7\mu\text{H} \tag{5.3.19}$$

实际取 $L_r = 20\mu\text{H}$。

5. 励磁电感 L_m 的计算

根据式(5.3.10)~式(5.3.12),L_m 可以根据下式来计算

$$L_m = \frac{\pi^2 L_r \left| 1 - \dfrac{f_r}{f_s} \right|}{4 \left| \dfrac{V_{in\,min}}{nV_o} - 1 \right|} = 120.6\mu\text{H} \tag{5.3.20}$$

实际取 $L_m = 120\mu\text{H}$。

5.3.4 实验结果

为了验证 H-FB TL LLC 变换器的工作原理,在实验室中建立了一台 1.5kW 原理样机。

- 开关管 Q_1、Q_4:APT30M75BFLL;
- 开关管 Q_5、Q_6:SPW47N60C3;
- 整流二极管 $D_{R1} \sim D_{R4}$:CSD10060;
- 续流二极管 D_7、D_8:DSEP30-03A。

图 5.3.13(a)和(b)分别给出 3L 模式(200V 输入)和 2L 模式(400V 输入)满载时 v_{AB}, v_{Cr}, i_p, i_{DR1} 和 v_{DR1} 的波形。从图中可以看出谐振网络工作与原理分析完全一致。副边整流二极管电流谐振到零自然关断,实现了 ZCS,因此不存在反向恢复引起的电压尖峰,电压应力仅为输出电压。

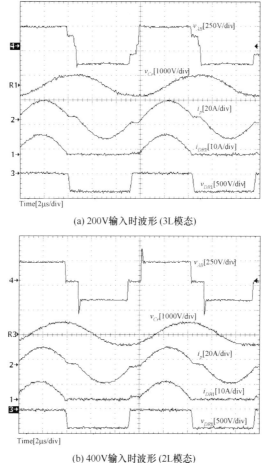

(a) 200V输入时波形 (3L模态)

(b) 400V输入时波形 (2L模态)

图 5.3.13　满载实验波形

图 5.3.14 分别给出 V_{in} ＝200V 满载时各开关管驱动电压、漏源间电压和漏极

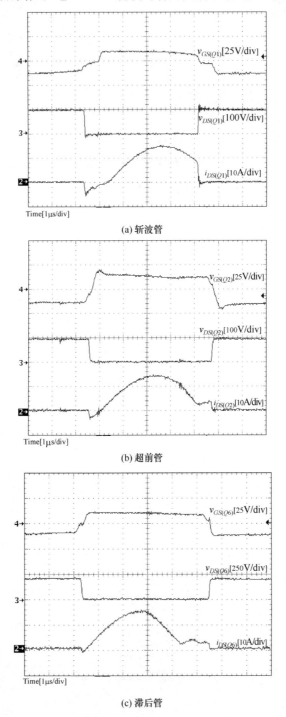

(a) 斩波管

(b) 超前管

(c) 滞后管

图 5.3.14　V_{in} ＝200V 满载时各开关管驱动电压、漏源间电压和漏极电流

电流波形。从图中可以看出所有开关管均实现了 ZVS。三电平桥臂开关管电压应力为输入电压的一半,而两电平桥臂开关管电压应力为输入电压。

图 5.3.15 分别给出 $V_{in}=400V$、10％负载时各开关管驱动电压、漏源间电压和漏极电流波形,从图中可以看出各开关管均实现 ZVS。由此可见 H-FB TL LLC 谐振变换器可以在几乎全负载范围内实现 ZVS。

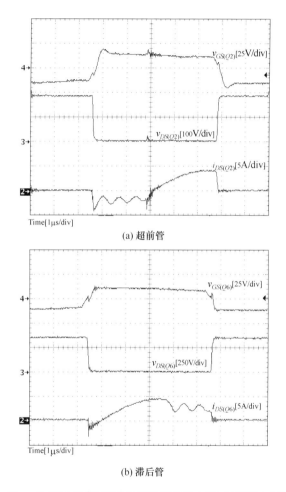

(a) 超前管

(b) 滞后管

图 5.3.15 $V_{in}=400V$、10％负载时各开关管驱动电压、漏源间电压和漏极电流

图 5.3.16 给出了 H-FB TL LLC 谐振变换器的效率曲线。图 5.3.16(a)分别给出了 $V_{in}=200V$ 和 $V_{in}=400V$ 时效率与输出电流的关系。在 $V_{in}=400V$ 满载时,变换器效率达到 95.2％。图 5.3.16(b)给出了输出满载时效率与输入电压的关系。从图中可以看出效率随输入电压升高而升高,这也是 LLC 谐振变换器的主要特性。

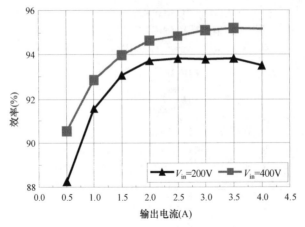

(a) $V_{in}=200V$和$V_{in}=400V$时效率与输出电流的关系

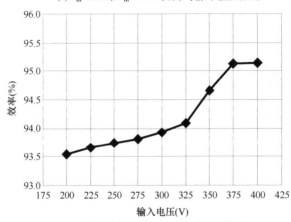

(b) 输出满载时效率与输入电压的关系

图 5.3.16　效率曲线

5.4　本章小结

本章介绍了燃料电池接口变换器的作用和研究现状,并提出了 H-FB TL LLC 谐振变换器,它是在 H-FB TL 变换器的基础上加入了 LLC 谐振网络以实现开关管的 ZVS 和整流二极管的 ZCS。它具有以下优点:

(1) 可以工作在三电平和两电平模式,在很宽的输入电压范围内高效工作,输入电流纹波和输出滤波器可以减小,因此适合于宽输入电压范围的应用场合;

(2) 三电平桥臂开关管电压应力仅为输入电压的一半;

(3) 输出整流二极管实现 ZCS,而且其电压应力仅为输出电压;

(4) 可以几乎在全负载范围内实现 ZVS。

综上所述,H-FB TL LLC 谐振变换器非常适合于燃料电池与直流母线的接口。

第6章 蓄电池与直流母线的接口单元

6.1 引　言

目前新能源发电因其无污染、可再生而受到广泛应用,但是其输出功率受环境影响变化很大,而且不能存储能量。所以在本书所提出的绿色数据中心供电系统中,如果太阳能和风机发出的电能不能满足负载时,蓄电池被接入系统中来补足电力缺口,此时蓄电池工作在放电模式。为了防止蓄电池过放,当蓄电池放电完毕则切出系统。如果太阳能和风机发电超过了负载所需的电力时,蓄电池接入系统中吸收多余的能量,工作在充电模式,直到充电饱和后退出系统。因此数据中心供电系统中必须配备储能蓄电池来储存和调节电能,如图6.1.1所示。

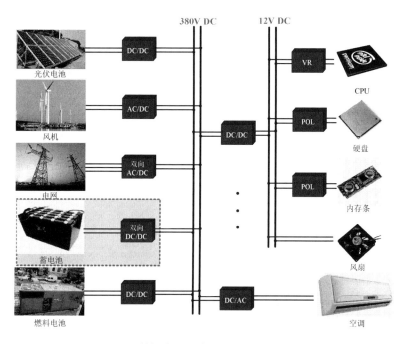

图 6.1.1　数据中心双直流母线供电系统结构图

蓄电池可以直接并联在直流母线上,也可通过双向变换器进行并联。直接并联的优点是结构和控制简单,成本低,适合于小功率和负载变化不大的应用场合。但在中大功率和负载变化很大的应用场合,如果蓄电池直接并联,由于蓄电池的充放电电流不能控制,当负载突变剧烈时,蓄电池的充放电电流过大,可能导致损坏蓄电池。另外蓄电池时刻处于充放电状态,而其充放电次数是有限制的,这样会减少蓄电池的寿命。因此为了控制储能元件的充放电电流,可以在系统中加入双向变换器来保护蓄电池。

与直接并联在直流母线上相比,通过双向变换器与直流母线并联的结构有以下一些优点:

(1) 双向变换器一端接于直流母线,而直流母线的电压相对比较稳定,所以双向变换器的电感可以减小,有利于提高系统的动态特性;

(2) 过载时,光伏电池仅提供额定功率,而多余的能量由储能装置来提供,因此单向变换器的功率等级只需与额定功率设计,系统的体积和成本将会减小;

(3) 系统工作时,回馈能量可以直接通过双向变换器储存在储能装置中,不影响光伏电池和单向变换器的工作,有利于提高系统的动态特性和降低成本。

综上所述,蓄电池应通过双向变换器作为接口单元接到直流母线上来控制其充放电电流。

6.2 蓄电池接口单元的研究现状

6.2.1 双向变换器的工作原理

航空能源系统、太阳能光伏独立发电系统、燃料电池应用系统等领域都有一个共同特点,即正常工作时由太阳能电池、燃料电池或其他可再生能源发电(一次能源)为负载供电,同时需要通过一台 DC/DC 变换器为储能装置蓄电池充电,当一次能源不能满足负载工作要求时,蓄电池也需要通过一台 DC/DC 变换器将能量反送至直流母线为负载供电,这就意味着需要能量可以双向流动。

传统方案采用两台单向 DC/DC 变换器分别完成蓄电池充电和蓄电池放电过程,如图 6.2.1(a)所示。这是因为通常的单向 DC/DC 变换器在主功率传输通路上存在着二极管这个环节,阻碍了电流双向流动。能量正向传递时,由单向 DC/DC 变换器 1 处理 V_1 到 V_2 的能量流动;能量反向流动时,由单向 DC/DC 变换器 2 控制 V_2 向 V_1 的能量流动。由于使用两台 DC/DC 变换器,变换装置的体积较大,利用率和性价比较低,由正向工作向反向工作的切换时间比较长。如果可以用一台 DC/DC 变换器同时完成蓄电池充电和蓄电池的能量反送过程,这将大大地减小装置体积,提高装置利用率和性价比,这就促使人们试图合并 DC/DC 变换器 1 和 2,并将双向 DC/DC 变换器应用到需要能量双向流动的场合。改进的控制方案如图 6.2.1(b)所示,使用双向 DC/DC 变换器代替原来的两个分立的变换器,根据实际需要,实现从高压到低压的变换(蓄电池充电)和实现从低压到高压的变换(蓄电池能量反送)。简单地说,双向 DC/DC 变换器是在各种传统的变换器拓扑基础上,用双向开关取代了单向开关,即去除了阻碍功率双向流动的二极管。双向 DC/DC 变换器的输入输出端电压极性相同,但输入输出端的电流方向可以改变,是一个二象限运行的功率单元。双向 DC/DC 变换器在需要能量双向流动的场合,可以减小系统的体积重量,节约成本,提高效率和系统的动态响应速度[40]。

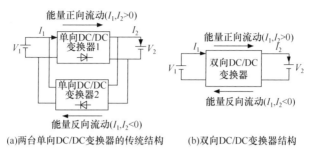

(a)两台单向DC/DC变换器的传统结构　　(b)双向DC/DC变换器结构

图 6.2.1　双向 DC/DC 变换器的原理

6.2.2　双向变换器的基本拓扑

双向变换器一般可分为隔离式和非隔离式两种。非隔离式双向变换器结构和控制简单,因此在不需要隔离的场合得到广泛的应用,目前采用最多的非隔离双向变换器是 Buck/Boost 双向变换器[41,42],如图 6.2.2 所示。它既可以工作在 Buck 模式,能量从高压端传送至低压端;又可以工作在 Boost 模式,能量从低压端传送至高压端,而开关管的电压应力为高压端电压。该变换器具有结构简单、可靠性高和效率高的特点。但当两端电压范围较宽时,电感较大,不易提高变换器的功率密度,导致动态响应速度慢。

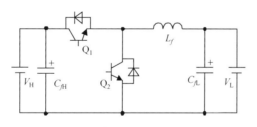

图 6.2.2　Buck/Boost 双向变换器

在两端电压相差很大的场合,即蓄电池电压为 48V DC 或 12V DC,而直流母线电压为 360～400 V DC,若采用非隔离式双向变换器就会使得控制困难,效率较低。所以在这种场合一般采用隔离式双向变换器,它可以通过调整变压器匝比来达到两端电压匹配的目的,同时还实现了电气隔离功能。对隔离式双向变换器而言,变压器原副边主电路一般可采用推挽、半桥和全桥等结构。

变压器两边都采用全桥结构的双全桥变换器是目前运用最多的双向变换器[43~47],如图 6.2.3 所示。该电路保留了全桥电路的优点,即运用 PWM 移相控制可以实现软开关,效率较高,适合于大功率应用场合。

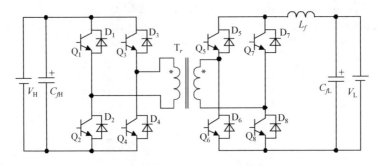

图 6.2.3 双全桥双向变换器

半桥变换器也可用于双向变换器[48~53]。如图 6.2.4 所示的半桥加推挽的双向变换器,该变换器具有结构简单、充电电流纹波小等优点,而由二极管和变压器辅助绕组组成的辅助网络可以防止变压器的单边磁化。

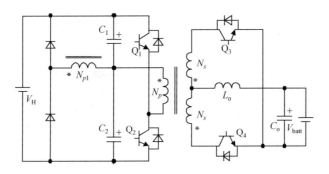

图 6.2.4 半桥加推挽双向变换器

图 6.2.5 所示的为零电压开关双半桥双向变换器[50~53],它与双全桥变换器相比有以下主要优点:①由于半桥变换器的电压利用率只有输入电压的一半,而燃料电池供电系统中双向变换器两端电压相差很大,这样将半桥电路作为高压端主电路,可以将变压器原副边匝比减小一半,从而降低变压器漏感对变换器的影响;②器

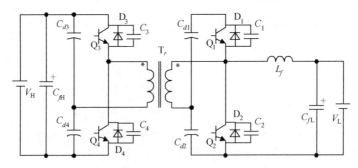

图 6.2.5 双半桥双向变换器

件数量少一半,结构简单;③充放电电流纹波小,从而延长蓄电池的寿命;④控制简单,仅有四只开关管,用一片控制芯片即可完成移相控制。

图 6.2.6 所示的为 PWM 加移相控制的双向变换器[54]。该变换器可以减小开关管电流应力和导通损耗,另外可以在更宽的负载范围内实现 ZVS。

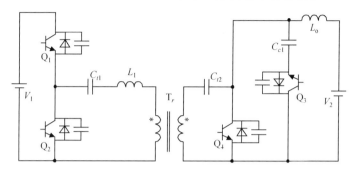

图 6.2.6 PWM 加移相控制双向变换器

三电平变换器具有开关管电压应力只有输入电压的一半,输出滤波电感小,动态响应快的优点。为了进一步提高变换器的动态响应,同时降低器件应力,提高效率,可以将三电平结构引入到 Buck/Boost 双向变换器中,从而得到三电平 Buck/Boost 双向变换器,如图 6.2.7 所示。三电平 Buck/Boost 双向变换器具有以下优点:

(1)电感可以大大减小,因此可以提高变换器的动态响应,优化整个系统的动态特性;

(2)开关管电压应力仅为高电压端输入电压的一半。

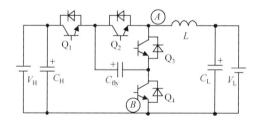

图 6.2.7 三电平 Buck/Boost 双向变换器

本章将分析三电平 Buck/Boost 双向变换器的工作原理、特性、控制策略、参数设计,并通过实验来验证工作原理和控制方式的有效性。

6.2.3 双向变换器的控制方式

双向 DC/DC 变换器的控制方式基本上与单向 DC/DC 变换器相同,主要包括电压模式控制和电流模式控制。电压模式控制通常为输出电压反馈的单环控制系统,系统的动态响应差,稳定性较低。电流模式控制是在电压环的基础上引入电流环从而构成双闭环控制系统。电流控制模式具有动态响应快,稳定性好,电流冲击小等优点[54,55]。

控制系统的实现主要有模拟电路和数字电路两种途径。模拟控制电路主要利用专用的 PWM 芯片和一些逻辑芯片构成脉冲发生、驱动、保护电路,因此动态响应快,便于调试,误差小,成本较低。数字控制电路主要通过软件系统来实现,如单片机系统和 DSP 信号系统。数字控制电路可以降低系统硬件部分的设计,减少分立元件,从而提高可靠性,可以通过控制算法编程实现复杂的电路功能。随着微处理器运算速度的提高,数字控制技术将是大功率、智能化、高性能开关电源的发展方向。随着学科交叉发展的深入,现代控制理论中的很多技术被逐渐应用到开关变换器中来。这些技术也被研究应用到双向 DC/DC 变换器的控制系统中,如滑模变结构控制,模糊控制,神经网络控制等。

6.3 三电平 Buck/Boost 双向变换器

6.3.1 工作原理

图 6.2.7 所示的三电平 Buck/Boost 双向变换器中,V_H 和 V_L 分别是高端电压和低端电压,C_H 和 C_L 分别是高端和低端的滤波电容,如果变换器两端都加电源时,C_H 和 C_L 可以省去。L 是电感。C_{fly} 是飞跨电容,正常工作时电压保持为高端电压的一半,即 $V_{Cfly}=V_H/2$。开关管 Q_1 与 Q_2,Q_3 与 Q_4 分别交错工作,其驱动信号相差 $180°$ 相角。同时 Q_1 和 Q_4 互补导通,Q_2 和 Q_3 互补导通。

根据能量传输方向的不同,双向变换器可工作在 Buck、Boost 和关机(Shut-Down,SD)三种工作模式。工作在 Buck 模式时,能量从高压端流向低压端,Q_1 和 Q_2 是主控管,通过调节主控管的占空比来调节输出电压。而 Q_3 和 Q_4 是受控管,起到同步整流的作用。同样的,当变换器工作在 Boost 模式时,能量从低压端流向高压端,Q_3 和 Q_4 是主控管,而 Q_1 和 Q_2 是受控管。

根据主控管占空比 D 的大小又可以分为 $D>0.5$ 和 $D<0.5$ 两种模式。这样该变换器的工作模式可分为 Buck $D>0.5$ 模式、Buck $D<0.5$ 模式、Boost $D>0.5$ 模式和 Boost $D<0.5$ 模式。Buck $D>0.5$ 模式的工作模式与 Boost $D<0.5$ 模式的完全一样,只不过电流方向相反。同样 Buck $D<0.5$ 模式与 Boost $D>0.5$ 模式的工作模式是一样的,仅电流方向相反。下面以分析 Buck 的工作模式为例来分析三电平 Buck/Boost 双向变换器的工作原理。

在分析该变换器的工作原理之前,作如下假设:

(1)所有开关管均为理想器件;

(2)电感、电容均为理想元件;

(3)C_{fly} 可以看成电压为 $V_H/2$ 的电压源。

图 6.3.1 分别给出了变换器工作在 Buck $D>0.5$ 和 $D<0.5$ 模式下的主要波

形图。根据不同开关管的开通与关断,可以将变换器分为四个开关模态,各模态等
效电路图如图 6.3.2 所示。

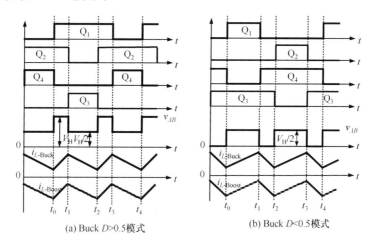

(a) Buck $D>0.5$ 模式   (b) Buck $D<0.5$ 模式

图 6.3.1   主要波形

1. 开关模态 1 (图 6.3.2 (a))

Q₁ 和 Q₂ 同时导通。AB 两点间电压 v_{AB} 为高端电压 V_H,Q₃ 和 Q₄ 的电压应力
为 $V_H/2$。该模态只可能发生在 $D>0.5$ 时,(V_H-V_L) 加在 L 上,i_L 线性增加。

2. 开关模态 2 (图 6.3.2 (b))

Q₁ 和 Q₃ 同时导通。Q₂ 和 Q₄ 的电压应力为 $V_H/2$,$v_{AB}=V_H/2$,C_{fly} 被充电。该
模态既可能发生在 $D>0.5$ 时,又可能发生在 $D<0.5$ 时。在 $D>0.5$ 时,由于
$V_L \geqslant V_H/2$,$v_{AB}=V_H/2$,$(V_H/2-V_L)$ 加在 L 上,i_L 线性下降。在 $D<0.5$ 时,由于
$V_L<V_H/2$,$v_{AB}=V_H/2$,$(V_H/2-V_L)$ 加在 L 上,i_L 线性上升。

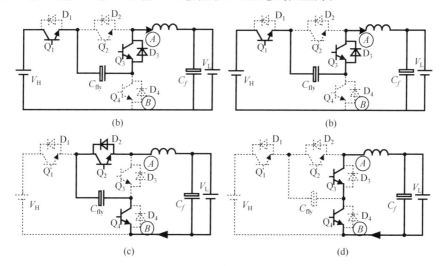

图 6.3.2   Buck $D>0.5$ 模式下不同开关模态的等效电路

3. 开关模态 3（图 6.3.2 (c)）

Q_2 和 Q_4 同时导通。Q_1 和 Q_3 的电压应力为 $V_H/2$，v_{AB} 为 $V_H/2$，此时 C_{fly} 放电。该种模态既可能发生在 $D>0.5$ 时，又可能发生在 $D<0.5$ 时。在 $D>0.5$ 时，由于 $V_L \geqslant V_H/2$，$v_{AB}=V_H/2$，$(V_H/2-V_L)$ 加在 L 上，i_L 线性下降。在 $D<0.5$ 时，由于 $V_L<V_H/2$，$v_{AB}=V_H/2$，$(V_H/2-V_L)$ 加在 L 上，i_L 线性上升。

4. 开关模态 4（图 6.3.2 (d)）

Q_3 和 Q_4 同时导通。v_{AB} 为 0，Q_1 和 Q_2 的电压应力为 $V_H/2$，该模态只可能发生在 $D<0.5$ 时，$-V_L$ 加在 L 上，使 i_L 线性下降。

Boost $D>0.5$ 和 Boost $D<0.5$ 的工作模态分别与 Buck $D<0.5$ 和 Buck $D>0.5$ 的工作模态一样，只不过电感电流方向是相反的，此处不再赘述。

6.3.2 三电平双向变换器的特性

1. 开关管电压应力

由上一节工作原理分析可以看出，三电平双向变换器中的开关管电压应力仅为高端电压的一半，是传统两电平双向变换器开关管电压应力的一半，这是三电平变换器的一大优点。

2. 电感

由于三电平双向变换器工作在双向能流状态，无电感电流断续模式（DCM），其输入输出关系严格按照 $V_L/V_H=D$，其中 D 为 Q_1 和 Q_2 管的占空比。三电平双向变换器既可工作在 Buck 模式又可工作在 Boost 模式，故电感的计算既可通过 Buck 模式来确定，也可通过 Boost 模式来确定。以下就以参照 Buck 三电平变换器的电流连续工作方式来确定三电平双向变换器电感值的大小，并与两电平双向变换器比较。

根据前面的原理分析，分别对应图 6.3.2 (a) 和 (b)，三电平 Buck/Boost 双向变换器电感电流纹波 $\Delta I_{L\_Bi\_TL}$ 可以根据下式得到：

$$\Delta I_{L\_Bi\_TL}=\begin{cases} \dfrac{V_H-V_L}{L}(t_1-t_0)=\dfrac{(V_H-V_L)(2D-1)T_s}{2L} & (D \geqslant 0.5) \\[3mm] \dfrac{V_H/2-V_L}{L}(t_1-t_0)=\dfrac{(V_H-2V_L)DT_s}{2L} & (D<0.5) \end{cases} \tag{6.3.1}$$

式中，T_s 为开关周期。

而两电平 Buck/Boost 双向变换器电感电流纹波 ΔI_{L_Bi} 可以根据下式得到：

$$\Delta I_{L\_Bi}=\frac{(V_H-V_L)DT_s}{L} \tag{6.3.2}$$

根据式 (6.3.1) 和式 (6.3.2)，可以得到在相同电感和相同开关频率的条件下，三电平双向变换器与两电平双向变换器电感电流脉动的比较的标幺值曲线，如图 6.3.3 所示，其中以两电平 Buck/Boost 双向变换器 $D=0.5$ 时的电流脉动作为基准值。

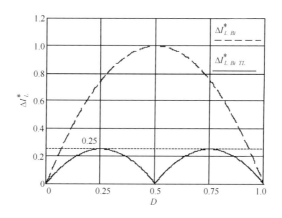

图 6.3.3 三电平双向变换器与两电平双向
变换器电感电流脉动值

图 6.3.3 表明,三电平双向变换器的电感电流最大脉动量仅为两电平双向变换器的 1/4。如果要求两者的电感电流脉动的最大值相同,那么三电平双向变换器的电感会减小为两电平双向变换器的电感的 1/4,因而相比较于两电平双向变换器,三电平双向变换器的动态响应可以得到很大的提高。

6.3.3 三电平双向变换器的控制策略

三电平 Buck/Boost 双向变换器的控制电路必须要具有以下三个功能:

(1) 该变换器的一个优点是输出滤波电感可以大大减小,要实现此优点必须保证 Q_1 和 Q_2 的驱动信号相差 $180°$,即交错控制。

(2) 要确保变换器可以双方向供电,Q_1 和 Q_4,Q_2 和 Q_3 需要互补导通,就控制而言,必须能够对变换器两端的电压和电流进行控制,使其可以在两个方向实现稳压、限流工作或关机,因此需要采用双向控制电路。

(3) 由于器件的不匹配及寄生参数的影响,飞跨电容上的电压 V_{Cfly} 可能不是 $V_H/2$,而如果不对其加以控制,开关管电压应力只有 V_H 的一半的这个优点将会丧失。所以控制电路中需要采用飞跨电容电压控制。

图 6.3.4 分别给出了三电平 Buck/Boost 双向变换器控制电路的控制框图和主要波形。

1. 交错控制的实现

为了实现交错控制,使得 Q_1 和 Q_2 同频且相差 $180°$ 相角,就要实现驱动信号的同步。在设计时利用控制芯片的外同步端实现同步,外同步的时钟信号 A_1 和 A_2 相差 $180°$,与它们分别对应的锯齿波 V_{RAMP1} 和 V_{RAMP2} 也相差 $180°$。电压误差放大器的输出信号 V_{EA1} 和 V_{EA2} 分别与 V_{RAMP1} 和 V_{RAMP2} 相比较,再通过两个 RS 触发器

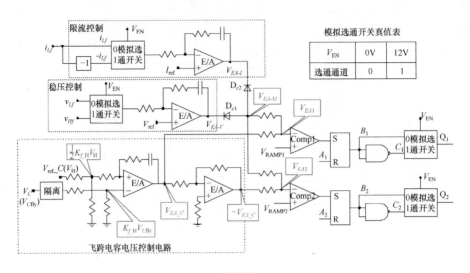

(a) 控制框图

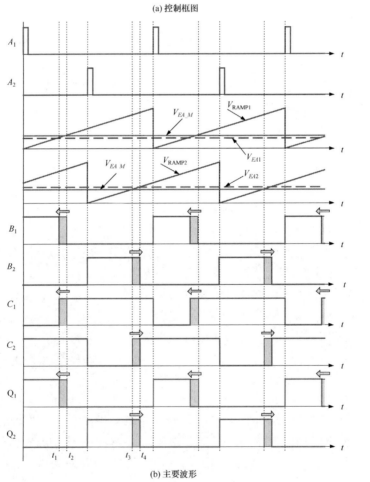

(b) 主要波形

图 6.3.4　控制电路

得到相差 180° 的信号 B_1 和 B_2。B_1 和 B_2 不能直接作为驱动信号,需要根据工作模式进行选择。实际的控制电路中是采用两个 PWM 控制器 SG3525 作为控制电路的主要控制芯片。

2. 双向控制的实现

双向变换器可以在双向都能稳压或限流工作,Buck 模式和 Boost 模式稳定的电压分别 V_L 和 V_H。而限定的电流都是电感电流 i_L,只是方向不同。将 V_L 和 V_H 的检测信号 v_{Lf} 和 v_{Hf} 送到一个二选一模拟开关,将 i_L 的检测信号 i_{Lf} 及其反相信号 $-i_{Lf}$ 送到另一个二选一模拟开关。模拟开关的使能信号 V_{EN} 来自于能量管理控制电路。

当 V_{EN} 为低电平时,变换器工作在 Buck 模式,电感电流正向流动。模拟开关的 0 通道被选通,v_{Lf} 和 i_{Lf} 被分别送至电压和电流调节器,并得到输出信号 V_{EA-V} 和 V_{EA-I},如果变换器工作在稳压模式,则 V_{EA_V} 较低,二极管 D_{c1} 导通,V_{EA_V} 送至比较器与三角波交截,对变换器进行调节。如果变换器工作在限流模式,则 V_{EA_I} 较低,二极管 D_{c2} 导通,V_{EA_I} 送至比较器与三角波交截,对变换器进行调节。

当 V_{EN} 为高电平时,变换器工作在 Boost 模式,电感电流反向流动。模拟开关的 1 通道被选通,v_{Hf} 和 $-i_{Lf}$ 被分别送至电压和电流调节器,并得到输出信号 V_{EA-V} 和 V_{EA-I}。

V_{EA1} 和 V_{EA2} 与三角波交截后得到信号 B_1 和 B_2。此时不能将 B_1 和 B_2 直接去驱动 Q_1 和 Q_2,因为变换器工作在 Buck 状态时,主控管为 Q_1 和 Q_2,而当变换器工作在 Boost 状态时,主控管为 Q_3 和 Q_4。B_1 和 B_2 要用来控制相应的开关管,因此将 B_1 和 B_2 及其相应的互补信号 C_1 和 C_2 分别送给一个二选一模拟开关。当变换器工作在 Buck 模态时,V_{EN} 为低电平,模拟开关的 0 通道被选通,选通 B_1 和 B_2,当变换器工作在 Boost 模式时,V_{EN} 为高电平,选通 C_1 和 C_2。经过模拟开关选择后的信号 Q_1 和 Q_2 可直接经过驱动电路来驱动开关管。

该控制方案利用同一套电压电流调节器和同一套驱动电路实现双向稳压或限流工作。

3. 飞跨电容电压控制

在实际电路中,锯齿波 V_{RAMP1} 和 V_{RAMP2} 的幅值不可能做到完全相等,同时开关管的驱动电路以及开关管的开关特性也不可能完全相同,因此两只主控管的导通时间必然存在一定的差异,这样导致 C_{fly} 上的电压 V_{Cfly} 不等于 $V_H/2$,使得其中一只开关管的电压应力升高。为了确保 $V_{Cfly}=V_H/2$,需要在控制电路中加入飞跨电容电压控制。此时 V_{Cfly} 为被控制对象,只要保证 $V_{Cfly}=V_H/2$,那么开关管的电压应力自然均分为 $V_H/2$,也就解决了电压应力均分问题。

假设变换器工作在 Buck 模式,且 $V_{Cfly}>V_H/2$。将 V_{Cfly} 和 V_H 进行采样后进行比较,其误差经误差放大器后得到 V_{EA_C}。这里 V_{Cfly} 和 V_H 的反馈系数分别为 K_{f_in} 和 $K_{f\_in}/2$。由于 $V_{Cfly}>V_H/2$,V_{EA_C} 为负,它使 V_{EA1} 减小,使 Q_1 的占空比减小。与

此同时 $-V_{EA1}$ 为正,它使 V_{EA2} 增加,使 Q_2 的占空比增大。通过对占空比的一加一减,增加 C_{fly} 的放电时间,使 C_{fly} 的电压降低,并确保其为 $V_H/2$,从而达到控制飞跨电容电压的目的。相反地,如果 $V_{Cfly} < V_H/2$,那么 V_{EA_Cd} 为正,它使 V_{EA1} 升高,使 Q_1 的占空比增加。与此同时,$-V_{EA1}$ 为负,它使 V_{EA2} 降低,使 Q_2 的占空比减小。通过对占空比的一加一减,增加 C_{fly} 的充电时间,提高飞跨电容上的电压,这样就使飞跨电容上的电压为 $V_H/2$。

在 Boost 模式下情况类似。假设 $V_{Cfly} > V_H/2$,V_{EA_C} 为负,它使 V_{EA1} 减小,B_1 的占空比减小,但是 B_1 的反向信号 C_1 占空比增大,Boost 模式下模拟选通器选通 1 通道,Q_1 的占空比增大。同时 Q_2 的占空比减小。通过对占空比的一加一减,增加 C_{fly} 的放电时间,使 C_{fly} 的电压降低,并确保其为 $V_H/2$。当 $V_{Cfly} < V_H/2$ 时,同样能通过开关管占空比的一加一减来使得飞跨电容电压调节到 $V_H/2$。

由此可见,在 Buck 和 Boost 两种模式下双向控制电路均能很好的实现的飞跨电容电压的控制。

6.3.4 参数设计

三电平 Buck/Boost 双向变换器的参数是根据绿色数据中心供电系统的要求进行设计的,具体输入输出参数及开关管的选择如下:

- 高端电压:$V_H = 340 \sim 380\text{V DC}$,其中额定电压为 340V DC;
- 低端电压:$V_L = 195 \sim 250\text{V DC}$,其中额定电压为 220V DC;
- 额定功率:$P_o = 1\text{kW}$;
- 开关频率:$f_s = 50\text{kHz}$;
- 开关管:IRFP254。

1. 电感的计算

由于双向变换器既可工作在 Buck 状态又可工作在 Boost 状态,因此 L 可以按照 Buck TL 变换器的滤波电感的计算公式来计算。

$$L = \frac{V_{Hmax}(1-D_{min})(2D_{min}-1)}{2 \times (0.2I_o)f_s} = 487\mu\text{H} \tag{6.3.3}$$

式中,$D_{min} = V_{Lmin}/V_{Hmax} = 0.51$,实际取 $L = 500\mu\text{H}$。

2. C_L 的计算

双向变换器的两端都接在电源上,因此两端的滤波电容可以取消。但由于双向变换器既可以工作在 Buck 模式又可以工作在 Boost 模式,所以其也可以作为单向的 Buck 变换器或 Boost 变换器来使用,因而实际电路中仍然加入了滤波电容。

C_L 也可以按照 Buck TL 变换器的滤波电容的计算公式来计算。

$$C_L = \frac{V_{Hmin}(1-D_{max})(2D_{max}-1)}{32L\Delta V_o f_s^2} = 10.6\mu\text{F} \tag{6.3.4}$$

式中,ΔV_o 为输出电压纹波峰峰值,取 $\Delta V_o = 0.1\text{V}$,$D_{max} = V_{Lmax}/V_{Hmin} = 0.74$。

在设计一个电源时,其输出纹波大小都有明确的限制,可以据此计算出输出滤波电容的大小。考虑到电容寄生参数的影响,滤波电容的值要适当放大。所以实际取 $C_L=100\mu F$。

3. C_H 的计算

C_H 可以按照 Boost TL 变换器的滤波电容的计算公式来计算。

$$C_H = \frac{I_{Hmin}(1-D_{min})}{4\Delta V_o f_s} = 64.1\mu F \tag{6.3.5}$$

式中,I_{Hmin} 为 Boost 状态工作时的最小输出电流,$I_H=P_o/V_{Hmin}$。D_{min} 为 Boost 模式的受控管 Q_1 和 Q_2 的占空比,因此,$(1-D_{min})$ 就为 Boost 模式主控管 Q_3 和 Q_4 的占空比。实际取 $C_H=470\mu F$。

6.3.5 实验结果

为了验证三电平 Buck/Boost 双向变换器的工作原理,根据上一节的参数,在实验室中完成了一个 1kW 的原理样机。

图 6.3.5(a)和(b)分别给出了变换器工作在 Buck 和 Boost 模式稳压满载工作的波形。其中 Buck 模式的输入和输出电压分别为 360V 和 250V,而 Boost 模式的输入和输出电压分别为 250V 和 340V。从中可以看出每只开关管的电压应力只有 V_H 的一半。v_{AB} 的频率为 100kHz,是开关频率的两倍。

图 6.3.5(c)和(d)分别给出了变换器工作在 Buck 状态和 Boost 状态限流工作模式下的波形,电感电流分别被限在 5A 和 −5.8A。图 6.3.5(c)中 Buck 模式低端电压为 120V,此时工作在两电平工作方式;Boost 模式高端电压为 340V,工作在两电平模式,由此可见三电平双向变换器在两电平方式和三电平方式下均能很好的工作。每只开关管承受的电压应力是 V_H 的一半。

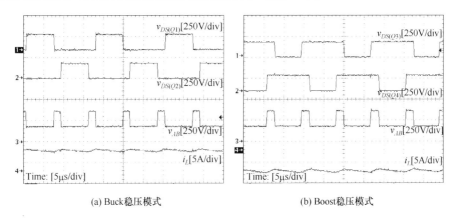

(a) Buck稳压模式   (b) Boost稳压模式

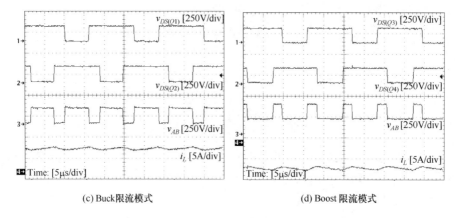

(c) Buck限流模式   (d) Boost限流模式

图 6.3.5 实验波形

图 6.3.6 给出了变换器分别工作在 Buck 和 Boost 模式,效率随负载变化而变化的曲线。其中 Buck 模式下的输入电压为 340V,输出电压为 250V,满载电流为 5A。Boost 模式下的输入电压为 250V,输出电压为 340V,满载电流为 3A。从图中可以看出,变换器在 Buck 模式和 Boost 模式满载效率分别达到了 96.5% 和 96.4%。由此可见变换器可以高效工作。

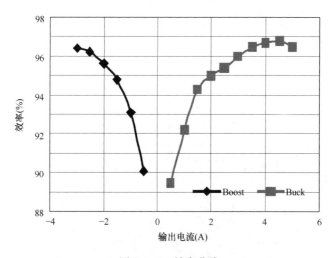

图 6.3.6 效率曲线

6.4 本章小结

本章介绍了蓄电池与母线接口单元的作用和研究现状,提出了适用于绿色数据中心供电系统的三电平 Buck/Boost 双向变换器。与传统的两电平双向变换器相比,该变换器具有以下优点:

（1）开关管电压应力仅为高电压端输入电压的一半；

（2）电感可以大大减小，从而提高变换器的动态响应。

本章分析了三电平双向变换器的工作原理，给出了控制方案，该控制方案具有以下三个功能：

（1）开关管交错控制；

（2）双向稳压或限流控制，并可自由切换；

（3）飞跨电容电压控制。

本章还给出了变换器的参数设计，并研制了一台 1kW 的原理样机，验证了工作原理和控制电路的正确性。

第7章 高压母线变换器

7.1 引 言

本书提出的绿色数据中心供电系统中,新能源、电网以及储能装置都是通过接口单元接在 380V 高压直流母线上的,而在数据中心中的终端负载设备,例如硬盘、内存等,对其输入电源的基本要求是低压大电流,因此这些负载设备由 12V 低压直流母线供电。所以在此供电系统中,需要变换器将 380V 高压直流电压变换为 12V 直流电压,该变换器通常称为高压母线变换器,如图 7.1.1 所示。

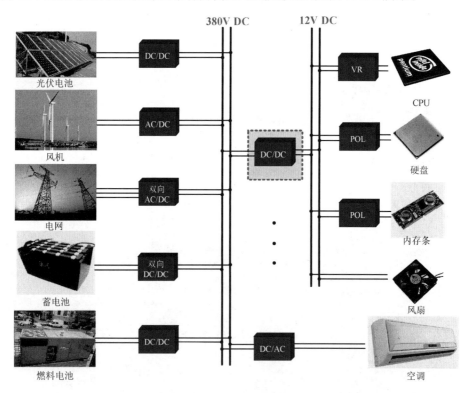

图 7.1.1 数据中心双直流母线供电系统结构图

自 20 世纪 80 年代电源模块面世后,分布式架构(Distributed Power Architecture, DPA)逐渐得到广泛应用。如图 7.1.2 所示,在分布式架构中,先由前端变

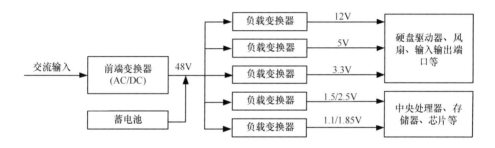

图 7.1.2　分布式架构示意图

换器将输入电压变换为稳定的母线电压(通常为 48V),并实现电气隔离和功率因数校正等功能,再由负载变换器(DC/DC)根据负载要求输出相应的电压。

　　在分布式架构中,每个负载变换器都包含有电气隔离功能,这增大了系统的体积和成本,降低了功率密度。为此,基于分布式架构,出现了中间母线式架构(Intermediate Bus Architecture, IBA),如图 7.1.3 所示。它在前端变换器和负载变换器之间加入一级中间母线变换器(Intermediate Bus Converter, IBC)。IBC 将直流母线电压(48V)转换为中间母线电压(一般为 5V 或 12V),并实现电气隔离。中间母线变换器将功率集中处理,减小了分布式架构中负载变换器的电气隔离和变压功能的重复,大大减小了体积,降低了成本。但是,中间母线架构是多个变换器级联的变换方式,会降低系统的效率。

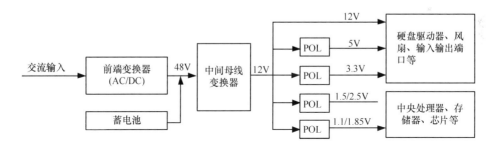

图 7.1.3　中间母线式架构示意图

　　考虑到中间母线式架构中的中间母线变换器同样具有电气隔离和变压的功能,为了减少变换器级联数目,提高变换器的效率,可以将具有相同功能的变换器进行合并,即将 PFC 变换器中的 DC/DC 变换器和后级的中间母线变换器合并为一个变换器,一般称为高压母线变换器,如图 7.1.4 所示。相较于中间母线架构而言,该架构的变换器数目有所减少,架构的整体效率会得到提高,成本和体积相对减小。

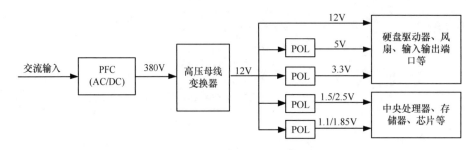

图 7.1.4　改进的中间母线式架构示意图

7.2　高压母线变换器的研究现状

高压母线变换器具有电气隔离和变压的功能,下面简要讨论其电路拓扑、副边整流电路和控制方式[56]。

7.2.1　电路拓扑

高压母线变换器的电路拓扑可以采用 PWM 变换器和谐振变换器。对于输入电压较高的中大功率场合,常用的 PWM 变换器有半桥电路和全桥电路,如图 7.2.1 所示。为了减小开关损耗,提高效率,需要采用软开关技术。全桥变换器可利用变压器漏感或通过串联谐振电感实现开关管的软开关,但轻载时存储在电感中的能量难以保证开关管软开关的实现。不对称半桥变换器可利用变压器漏感和副边滤波电感实现开关管的软开关,对称半桥的软开关则较难实现。

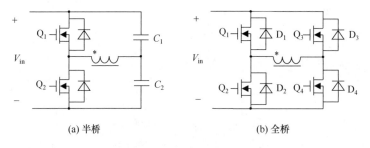

(a) 半桥　　　　　　　　　　　　　(b) 全桥

图 7.2.1　PWM 变换器原边逆变电路

谐振变换器利用变换器中谐振元件谐振使得电压或电流周期性地过零,为开关器件提供零电压或者零电流开关的条件,实现开关器件的软开关,已得到广泛应用。根据储能元件个数及其组合方式的不同,存在各种各样的谐振变换器拓扑。其中,串联谐振变换器(Series Resonant Converter,SRC)、并联谐振变换器(Parallel Resonant Converter,PRC)、LCC 谐振变换器和 LLC 谐振变换器是最常用的几种谐振变换器。图 7.2.2 给出了以上的四种谐振变换器的半桥电路。

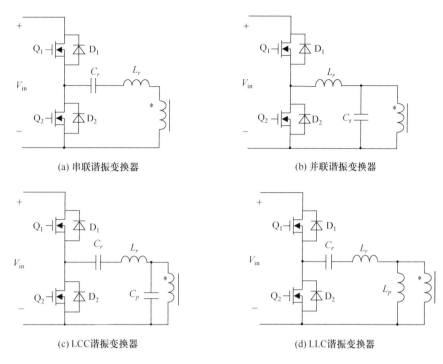

(a) 串联谐振变换器　　　　　　　　(b) 并联谐振变换器

(c) LCC谐振变换器　　　　　　　　(d) LLC谐振变换器

图 7.2.2　半桥谐振变换器原边逆变电路

LLC 谐振变换器可以在全负载范围内实现开关管的零电压开关(Zero-Voltage-Switching，ZVS)和副边整流二极管的零电流开关(Zero-Current-Switching，ZCS)，因此开关损耗得以大幅度减小，变换器效率得到提高。

7.2.2　副边整流电路

常见的副边整流电路结构有全波整流和桥式整流，其电路图如图 7.2.3 所示。全波整流电路结构简单，半导体器件个数少，整流二极管的电压应力为输出电压的两倍，适用于低压输出场合。桥式整流所用的二极管数目是全波整流方式的

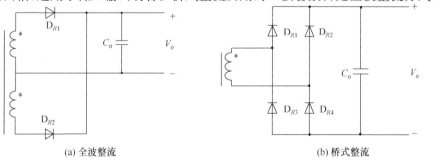

(a) 全波整流　　　　　　　　　　(b) 桥式整流

图 7.2.3　整流电路图

两倍,二极管的电压应力等于输出电压,因此其适用于高压输出场合。本系统中变换器的输出电压较低,为12V,因此可选择全波整流作为副边整流电路。低压大电流输出时,整流管如果采用普通的二极管或肖特基二极管,则其导通损耗较大。为此可以采用同步整流技术(Synchronous Rectifier,SR)。所谓同步整流技术,是指用导通电阻非常小的功率场效应管代替二极管进行整流的技术。

7.2.3 控制方式

变换器的输出电压可以为全控、半控和不控三种,如图 7.2.4 所示。

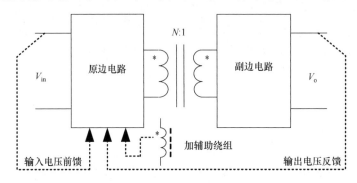

图 7.2.4 隔离变换器的控制方法示意图

全控方式是指存在输出电压反馈,这种方式可以精密调节输出电压,提高变换器的瞬态响应,同时当电路发生故障时,可以进行保护。控制电路主要作用是对主电路输出电压进行采样,经过电压调节器后控制原边开关管,从而调节输出电压。由于主电路具有隔离功能,因此其原副边不能共地,相应的控制电路需要采用光耦隔离或电磁隔离,从而变换器的成本会相对较高。

半控方式分为输入电压前馈和加辅助绕组两种。输入电压前馈方式是根据变换器的占空比与输入电压的关系,得到控制信号。这种方法能够快速响应输入电压的变化,但是不能补偿变换器内部的线路压降。随着负载的增加,变换器内部的线路压降增加,使输出电压降低。在隔离变换器中采用加入辅助绕组进行控制的方式比较常见。副边为容性滤波电路时,辅助绕组的电压和输出电压成正比,其随着负载的变化而变化,从而可以控制输出电压。

不控方式是使变换器以固定占空比进行工作。对于 DC/DC 变换器来说,以最大占空比工作时,其效率最高。采用全控或半控方式时,变换器中变压器的匝比一般在最小输入电压下进行设计。对于不控电压的变换器,其变压器原副边匝比是在额定输入情况下进行设计,这样变压器的原副边匝比比在最低输入电压下设计时要大,这将有利于减小原边电流的有效值,同时副边整流二极管的电压应力较低,可以选择更低电压的二极管,其导通压降也较低,从而减小变换器的损耗。因此,不控方式时变换器的效率最高,但是输出电压不稳定,与负载和输入电压有关。

7.3　改进型 PWM ZVS 三电平直流变换器

第 5 章提出了适合于燃料电池与直流母线接口的 H-FB TL LLC 谐振变换器,其两电平桥臂开关管的电压应力是输入电压。当其应用到高电压场合时,开关管的优化选择很困难,因此可以选择其他电路拓扑。ZVS PWM TL 变换器开关管的电压应力为输入电压的一半,因此适合于高电压应用场合。该变换器利用变压器的漏感、谐振电感和开关管的结电容实现开关管的 ZVS。但是它的输出整流管依然存在反向恢复引起的电压振荡,使其承受电压尖峰。

图 7.3.1 给出了加箝位二极管的 ZVS PWM TL 变换器的主电路和主要波形,它利用箝位二极管消除了输出整流管的电压尖峰,同时保留原来的 ZVS PWM TL 变换器的优点。从图中可以看出箝位二极管 D_7 和 D_8 在一个开关周期内导通两次,但只有一次对输出整流管的尖峰起到箝位作用,如 $[t_7, t_8]$ 和 $[t_{16}, t_{17}]$ 时段。而另一次则与箝位无关,如 $[t_0, t_4]$ 和 $[t_9, t_{13}]$ 时段。与箝位无关的导通会带来以下缺点:①在原边电压为零时(即零状态),谐振电感被箝位二极管短路,其电流保持不变,存在较大的导通损耗;②箝位二极管在一个开关周期中导通两次,其中一次与消除输出整流管上的电压振荡无关,增加了箝位二极管的电流有效值和关断损耗;③当原边电压存在直流分量时,如果采用隔直电容与变压器原边或谐振电感串联,将会导致变压器原边电流或谐振电感电流不对称,影响变换器的可靠工作。

为了解决上述问题,可以对该变换器进行改进,简单地将谐振电感和变压器互换位置,不仅可以消除输出整流管上的电压振荡和尖峰,而且使箝位二极管在一个开关周期中只导通一次。同时在零状态时谐振电感电流较小,减小了导通损耗,可

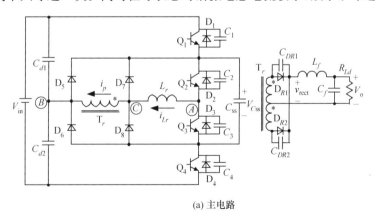

(a) 主电路

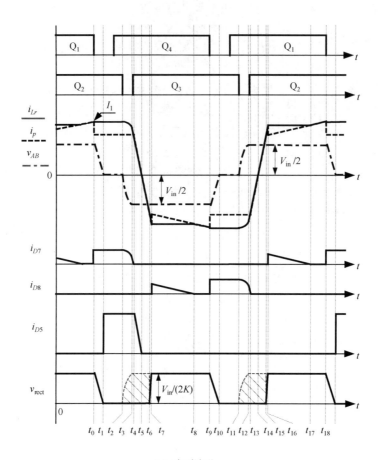

(b) 主要波形

图 7.3.1　加箝位二极管的 ZVS PWM TL 变换器

以提高变换器的效率。本节将详细分析改进后变换器的工作原理,并与改进前的变换器进行对比。为了防止变压器直流磁化,一般引入隔直电容,本节还分析了隔直电容在不同位置对变换器工作的影响,并确定一种最佳的方案。在实验室完成了一个 3 kW 的原理样机,验证了改进后变换器的工作原理和优点以及隔直电容对变换器的影响,并给出实验结果。

7.3.1　工作原理

图 7.3.2 给出了改进型加箝位二极管 ZVS PWM TL 变换器的电路图和主要波形图。其中 C_{d1} 和 C_{d2} 为两个分压电容,均分输入电压 V_{in}。D_5 和 D_6 为续流二极管,$Q_1 \sim Q_4$ 为四只开关管(包括其体二极管 $D_1 \sim D_4$ 和寄生电容 $C_1 \sim C_4$),L_r 是谐振电感,C_{ss} 是飞跨电容,分别将 Q_1 和 Q_4、Q_2 和 Q_3 的开关过程分别联系起来。C_{DR1} 和 C_{DR2} 是输出整流管寄生电容,用来等效其反向恢复。该变换器采用移相控制

(Phase-Shifted,PS),Q_1 和 Q_4 为 180°互补导通,Q_2 和 Q_3 也为 180°互补导通。Q_1 和 Q_4 的驱动信号分别超前于 Q_2 和 Q_3 一个相位,即移相角。因此称 Q_1 和 Q_4 为超前管,Q_2 和 Q_3 为滞后管。通过调节移相角的大小来调节输出电压。

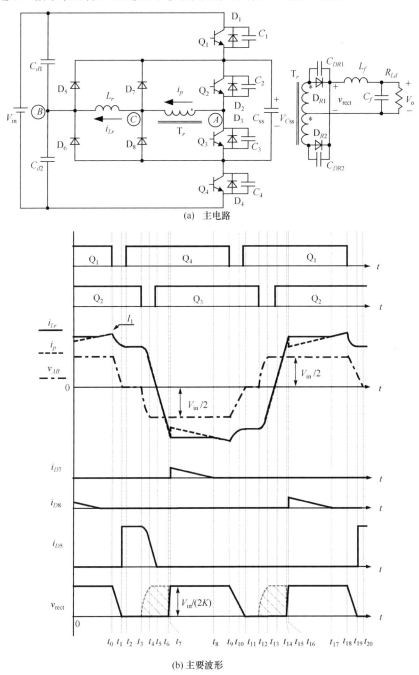

(a) 主电路

(b) 主要波形

图 7.3.2 改进型加箝位二极管的 ZVS PWMTL 变换器

图 7.3.1 (a)中变换器的变压器通过续流二极管与超前管相连,而谐振电感与滞后管相连,定义该拓扑为变压器超前型,即 T_r lead 型。图 7.3.2 (a)中变压器与滞后管相连,而谐振电感通过续流二极管与超前管相连,定义该拓扑为变压器滞后型,即 T_r lag 型。

下面主要分析 T_r lag 型变换器的工作原理。在分析之前,作如下假设:①所有开关管、二极管均为理想器件;②所有电感、电容均为理想元件;③$C_1=C_4=C_{\text{lead}}$,$C_2=C_3=C_{\text{lag}}$;④$L_r \ll L_f/K^2$,K 为原副边匝比;⑤电容 C_{d1} 和 C_{d2} 容量很大,将它们看作是两个电压为 $V_{\text{in}}/2$ 的电压源;⑥$C_{\text{ss}} \gg C_1$,其电压 $V_{C\text{ss}}$ 在稳态时可以等效为一个电压源 $V_{\text{in}}/2$。输入电压的负端作为参考零电位。图 7.3.3 给出了各个模态对应的等效电路图。

1) 开关模态 0 $[t_0$ 时刻之前$]$(图 7. 3.3 (a))

在 t_0 时刻之前,Q_1 和 Q_2 导通,输出整流管 D_{R1} 导通,D_{R2} 截止。

2) 开关模态 1 $[t_0,t_1]$(图 7.3.3 (b))

在 t_0 时刻关断 Q_1,原边电流 i_p 给 C_1 充电,同时通过 C_{ss} 给 C_4 放电,A 点电位下降。由于 $L_r \ll L_f/K^2$,因此 v_L 近似为零,即 C 点电位近似为 $V_{\text{in}}/2$,所以此模态中 D_7 不导通。由于 v_{AC} 下降,副边电压相应下降,D_{R2} 的结电容 C_{DR2} 的电压也下降,C_{DR2} 被放电。这样输出滤波电感电流一部分给 C_{DR2} 放电,其余部分折算到原边给 C_1 充电和给 C_4 放电。该模态进一步的等效电路如图 7.3.4(a)所示,其中 C_D' 为 C_{DR2} 折算到原边的等效电容,I_0 为折算至原边的滤波电感电流,亦即 t_0 时刻的原边电流。C_1、C_4 和 C_D' 的电压 v_{C1}、v_{C2} 和 $v_{C'D}$ 以及 i_p 和 i_{Lr} 分别是:

$$v_{C1}(t)=\frac{C_D'}{2C_{\text{lead}}(2C_{\text{lead}}+C_D')\omega_1}I_0\sin\omega_1(t-t_0)+\frac{1}{2C_{\text{lead}}+C_D'}I_0(t-t_0) \qquad (7.3.1)$$

$$v_{C4}(t)=\frac{V_{\text{in}}}{2}-v_{C1}(t) \qquad (7.3.2)$$

$$v_{C'D}(t)=\frac{V_{\text{in}}}{2}-\frac{1}{2C_{\text{lead}}+C_D'}I_0(t-t_0)+\frac{1}{(2C_{\text{lead}}+C_D')\cdot\omega_1}I_0\sin\omega_1(t-t_0)$$

$$\qquad (7.3.3)$$

$$i_p(t)=i_{Lr}(t)=\frac{2C_{\text{lead}}}{2C_{\text{lead}}+C_D'}I_0+\frac{C_D'}{2C_{\text{lead}}+C_D'}I_0\cos\omega_1(t-t_0) \qquad (7.3.4)$$

其中,$\omega_1=\sqrt{\dfrac{2C_{\text{lead}}+C_D'}{2C_{\text{lead}}\cdot C_D'\cdot L_r}}$。

在 t_1 时刻,C_1 的电压上升到 $V_{\text{in}}/2$,C_4 的电压下降到零。A 点电位为 $V_{\text{in}}/2$,D_5 导通。

3) 开关模态 2 $[t_1,t_2]$(图 7.3.3 (c))

由于 C_4 的电压下降到零,可以零电压开通 Q_4。C_{DR2} 继续放电,i_{Lr} 和 i_p 继续下降。该模态的进一步的等效电路如图 7.3.4(b)所示。

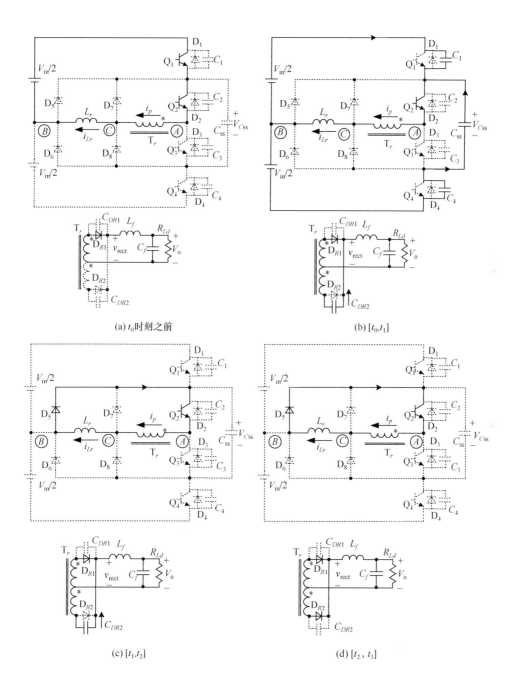

(a) t_0时刻之前　　　　　　　　　　　　　　　(b) $[t_0, t_1]$

(c) $[t_1, t_2]$　　　　　　　　　　　　　　　(d) $[t_2, t_3]$

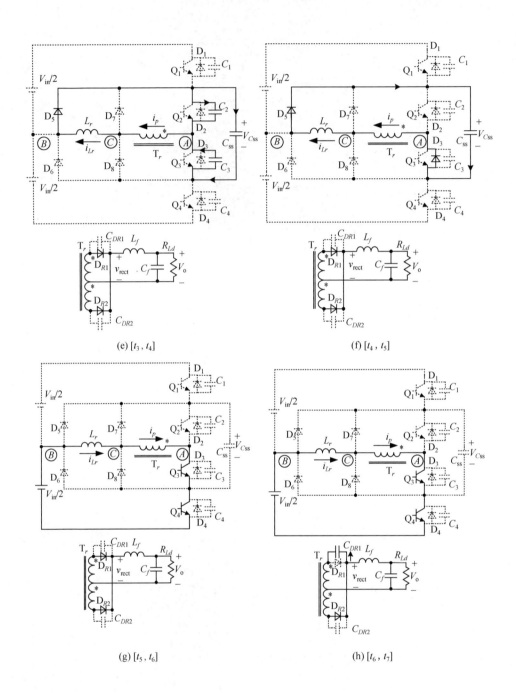

(e) $[t_3, t_4]$

(f) $[t_4, t_5]$

(g) $[t_5, t_6]$

(h) $[t_6, t_7]$

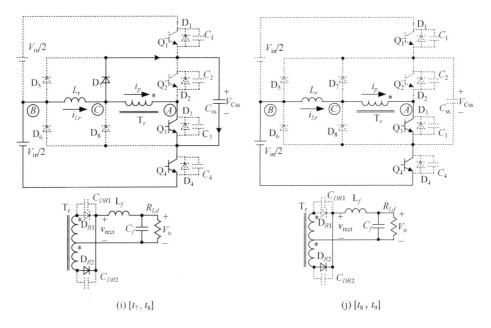

(i) $[t_7, t_8]$ (j) $[t_8, t_9]$

图 7.3.3　开关模态图

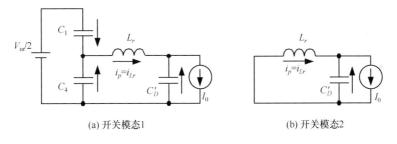

(a) 开关模态1   (b) 开关模态2

图 7.3.4　开关模态 1 和开关模态 2 进一步的等效电路

$$i_p(t) = i_{Lr}(t) = (I_1 - I_0)\cos\omega_2(t-t_1) - \frac{V_{CD}(t_1)}{L_r\omega_2}\sin\omega_2(t-t_1) + I_0 \quad (7.3.5)$$

$$v_{CD}(t) = \frac{1}{C'_D \cdot \omega_2}(I_1 - I_0)\sin\omega_2(t-t_1) + V_{CD}(t_1)\cos\omega_2(t-t_1) \quad (7.3.6)$$

其中，$\omega_2 = \sqrt{\dfrac{1}{L_r \cdot C'_D}}$，$I_1$ 为 t_1 时刻的原边电流。

4）开关模态 3 $[t_2, t_3]$（图 7.3.3（d））

在 t_2 时刻，C_{DR2} 放电结束，D_{R2} 导通，C 点电压下降到 $V_{in}/2$。iL_r 和 i_p 保持不变。

5）开关模态 4 $[t_3, t_4]$（图 7.3.3(e)）

在 t_3 时刻关断 Q_2，i_{Lr} 给 C_2 充电，同时通过 C_{ss} 给 C_3 放电，由于 C_2 和 C_3 的存在，Q_2 零电压关断。此时，$v_{AB} = -v_{C2}$，由于 D_{R1} 和 D_{R2} 都导通，变压器副边和原边电

压均为零，v_{AB} 全部加在 L_r 上。因此在这段时间里，L_r 和 C_2、C_3 谐振工作，i_L 和 C_2、C_3 的电压分别为

$$i_{Lr}(t)=i_p(t)=I_3\cos\omega_3(t-t_2) \tag{7.3.7}$$

$$v_{C2}(t)=Z_{r1}I_3\sin\omega_3(t-t_2) \tag{7.3.8}$$

$$v_{C3}(t)=\frac{V_{in}}{2}-Z_{r1}I_3\sin\omega_3(t-t_2) \tag{7.3.9}$$

式中，$Z_{r1}=\sqrt{L_r/(2C_{lag})}$，$\omega_3=1/\sqrt{2L_rC_{lag}}$，$I_3$ 为 t_3 时刻的原边电流。

到 t_4 时刻，C_2 的电压上升至 $V_{in}/2$，C_3 的电压下降到零。

6) 开关模态 5 $[t_4,t_5]$（图 7.3.3 (f)）

在 t_4 时刻，D_3 自然导通，此时可以零电压开通 Q_3。由于 i_p 不足以提供负载电流，D_{R1} 和 D_{R2} 依然同时导通，$V_{in}/2$ 全部反向加在 L_r 上，i_L 线性下降。

$$i_{Lr}(t)=i_p(t)=I_4-\frac{V_{in}}{2L_r}(t-t_4) \tag{7.3.10}$$

式中，I_4 为 t_4 时刻的原边电流。

7) 开关模态 6 $[t_5,t_6]$（图 7.3.3 (g)）

在 t_5 时刻，i_p 由正值过零，且向负方向增加，Q_3 和 Q_4 提供通路，由于 i_p 仍不足以提供负载电流，D_{R1} 和 D_{R2} 依然同时导通，因此加在 L_r 上的电压为 $V_{in}/2$，i_L 和 i_p 线性增加。

$$i_{Lr}(t)=i_p(t)=-\frac{V_{in}}{2L_r}(t-t_5) \tag{7.3.11}$$

8) 开关模态 7 $[t_6,t_7]$（图 7.3.3 (h)）

在 t_6 时刻，i_p 达到折算至原边的负载电流 $-I_{Lf}(t_6)/K$，D_{R1} 关断，D_{R2} 流过全部负载电流。L_r 与 C_{DR1} 谐振工作，给 D_{R1} 的结电容 C_{DR1} 充电，i_L 和 i_p 继续增加。

$$i_p(t)=i_{Lr}(t)=\frac{I_{Lf}(t_6)}{K}+\frac{V_{in}}{2Z_{r2}}\sin\omega_4(t-t_6) \tag{7.3.12}$$

$$v_{CDR1}(t)=\frac{V_{in}}{K}\left[1-\cos\omega_4(t-t_6)\right] \tag{7.3.13}$$

式中

$$Z_{r2}=\sqrt{L_r/C_D'}, \qquad \omega_4=1/\sqrt{L_rC_D'}$$

到 t_7 时刻，C_{DR1} 的电压上升到 V_{in}/K，此时变压器原边电压 v_{CA} 为 $V_{in}/2$，D_7 导通，将 v_{CA} 箝在 $V_{in}/2$，因此 C_{DR1} 的电压被箝在 V_{in}/K。此时 i_L 和 i_p 的值为

$$I_{Lr}(t_7)=I_p(t_7)=-\left[\frac{I_{Lf}(t_6)}{K}+\frac{V_{in}}{2Z_{r2}}\right] \tag{7.3.14}$$

9) 开关模态 8 $[t_7,t_8]$（图 7.3.3 (i)）

当 D_7 导通后，i_p 阶跃下降到折算到原边的滤波电感电流，而 i_L 保持不变，它与 i_p 的差值从 D_7 中流过。在这段时间里，滤波电感电流线性增加，i_p 也随之线性增

加,因此 D_7 的电流是线性下降的。

$$i_p(t) = -\frac{V_{in}/2 - KV_o}{K^2 L_f} \cdot (t - t_7) \qquad (7.3.15)$$

到 t_8 时刻,i_p 和 i_L 相等,D_7 关断,该模态结束。

10) 开关模态 9 $[t_8, t_9]$(图 7.3.3 (j))

在此模态中,原边给副边提供能量,i_p 和 i_L 相等,表达式与式(7.3.15)一样。

在 t_9 时刻关断 Q_4,开始下半个周期的工作,其工作原理与前半周期类似。

7.3.2 变换器特性

1. 超前管实现 ZVS 的条件

从模态 1 可知,超前管要实现 ZVS 就必须有足够的能量来对 C_1 充电,同时对 C_4 和 C_{DR2} 放电,即要满足

$$E_{lead} > \frac{1}{2}C_1\left(\frac{V_{in}}{2}\right)^2 + \frac{1}{2}C_4\left(\frac{V_{in}}{2}\right)^2 + \frac{1}{2}C_D'\left(\frac{V_{in}}{2}\right)^2$$
$$= C_{lead}\left(\frac{V_{in}}{2}\right)^2 + \frac{1}{2}C_D'\left(\frac{V_{in}}{2}\right)^2 \qquad (7.3.16)$$

超前管实现 ZVS 的能量是由谐振电感和折算到原边的滤波电感提供的,而滤波电感很大,其能量足够使超前管在很宽的负载范围内实现 ZVS。

2. 滞后管实现 ZVS 的条件

从模态 4 可知,滞后管要实现 ZVS 就必须有足够的能量来对 C_1 充电,同时对 C_4 和 C_{DR2} 放电,即要满足

$$E_{lag} > \frac{1}{2}C_2\left(\frac{V_{in}}{2}\right)^2 + \frac{1}{2}C_3\left(\frac{V_{in}}{2}\right)^2 = C_{lag}\left(\frac{V_{in}}{2}\right)^2 \qquad (7.3.17)$$

滞后管实现 ZVS 的能量是由谐振电感提供的,即

$$E_{lag} = \frac{1}{2}L_r I_p^2(t_3) > C_{lag}\left(\frac{V_{in}}{2}\right)^2 \qquad (7.3.18)$$

由于谐振电感与折算到原边的滤波电感相比很小,所以滞后管与超前管相比更难实现 ZVS。

3. 占空比丢失

谐振电感的存在限制了 i_p 上升(或下降)的斜率,因此 i_p 从正(或负)方向转换到负(或正)方向滤波电感电流折算到原边的值需要一定的时间,即图 7.3.2(b)中所示的时间段 $[t_3, t_6]$ 和 $[t_{12}, t_{15}]$。在这两段时间里,v_{AB} 为 $+V_{in}/2$ 或 $-V_{in}/2$,但是 i_p 不能够提供负载电流,所有整流二极管均导通,副边电压为零,所以在 $[t_3, t_6]$ 和 $[t_{12}, t_{15}]$ 时间段电压丢失,如图 7.3.2(b)中阴影部分所示。由于开关管开关时间很短,即 $[t_3, t_4]$ 很短,所以可以忽略不计。

占空比丢失 D_{loss} 就是时间段 $[t_4, t_6]$ 的时间 t_{46} 与半个周期时间的比值。$I_p(t_4)$ 和 $I_p(t_6)$ 可以近似认为相等,并等于 I_o/K。即

$$D_{loss}=\frac{t_{46}}{T_s/2}=\frac{4L_r\cdot[I_p(t_4)-I_p(t_6)]}{V_{in}\cdot T_s}\approx\frac{8L_rI_o}{KV_{in}T_s} \qquad (7.3.19)$$

由式(7.3.19)可知：①L_r越大，D_{loss}就越大；②负载电流越大，D_{loss}就越大；③V_{in}越低，D_{loss}就越大。

4. T_r lead 型和 T_r lag 的比较

1) ZVS 的实现

对于 T_r lead 型变换器，要实现超前管的 ZVS，必须有足够的能量抽走即将开通的开关管和截止整流管的结电容上的电荷，并给关断的开关管的结电容充电，其能量由输出滤波电感提供；而对于 T_r lag 型变换器，要实现超前管的 ZVS，必须有足够的能量抽走即将开通的开关管的结电容的电荷和截止整流管结电容的部分电荷，并给关断的开关管的结电容充电，其能量由谐振电感和输出滤波电感提供。因此 T_r lag 型变换器更容易实现超前管的 ZVS。

滞后管实现 ZVS 的能量由谐振电感提供。图 7.3.1(b)和图 7.3.2(b)表明，滞后管关断时，T_r lag 型的谐振电感电流为 $I_p(t_2)$，而 T_r lead 型的谐振电感电流为 $I_p(t_0)$，$I_p(t_2)<I_p(t_0)$，因此其滞后管实现 ZVS 比 T_r lead 型略微困难。

2) 箝位二极管的电流应力

在一个周期中，T_r lag 型的箝位二极管只导通一次，在超前管关断后并不导通，而 T_r lead 型在此时导通，此时的导通并不能起到箝位的作用，因此虽然 T_r lag 型在超前管关断时二极管不导通，但其依然可以起到箝位的作用。所以其箝位二极管电流定额小于 T_r lead 型。

3) 零状态时的导通损耗

零状态时谐振电感上的电流为 $I_p(t_2)$，而 T_r lead 型谐振电感上的电流为 $I_p(t_0)$，$I_p(t_2)<I_p(t_0)$，因此 T_r lag 型零状态时的导通损耗要小，效率可以提高。

4) 占空比丢失

两种变换器占空比丢失 $D_{loss}=t_{46}/(T_s/2)$，T_r lead 型在 t_4 时刻，$I_p(t_4)=I_p(t_0)$，而 T_r lag 型在 t_4 时刻，$I_p(t_4)<I_p(t_0)$，因此 T_r lag 型占空比丢失小。从以上的分析可知，T_r lag 型变换器要优于 T_r lead 型变换器。

7.3.3 简化的改进型 ZVS PWM TL 变换器

从图 7.3.2(b)中可以看出，续流二极管 D_5 只在$[t_1,t_5]$导通，图 7.3.3(c)~(f)给出了这段时间的模态等效电路。在$[t_1,t_3]$时间段，变压器原边电流 i_p 可以从 D_5 和 Q_2 通过(如图 7.3.3(c)~(d)所示)，也可以从 $V_{in}/2$ 电压源、$Q_4(D_4)$ 和 C_{ss} 通过。走这两条通路，电压 v_{AB} 均为零；在$[t_3,t_5]$时间段，变压器原边电流 i_p 可以从 D_5、$Q_3(D_3)$、$Q_4(D_4)$ 和 C_{ss} 通过(如图 7.3.3(e)~(f)所示)，也可以从 $V_{in}/2$ 电压源、$Q_4(D_4)$ 和 $Q_3(D_3)$ 通过。走这两条通路，电压 v_{AB} 也相同。因此 D_5 可以去掉，同理 D_6 也可以去掉，这样就可以将图 7.3.2 所示的改进型的 ZVS PWM TL 变换

器简化为简化的改进型 ZVS PWM TL 变换器，如图 7.3.5 所示。图 7.3.6 给出
了与图 7.3.3(c)～(f)相对应的简化后四个开关模态等效电路图。

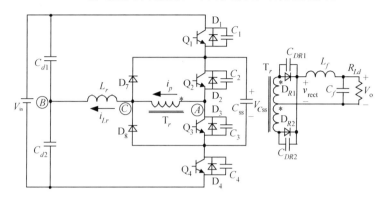

图 7.3.5　简化的改进型 ZVS PWM TL 变换器

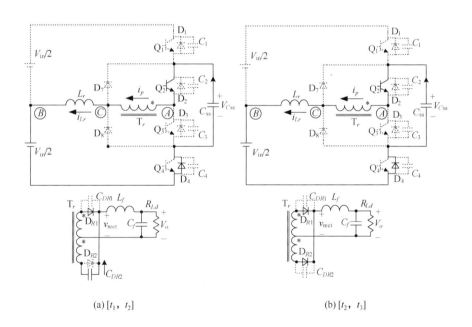

(a) $[t_1, t_2]$　　　　　　　　　　　　　　　　(b) $[t_2, t_3]$

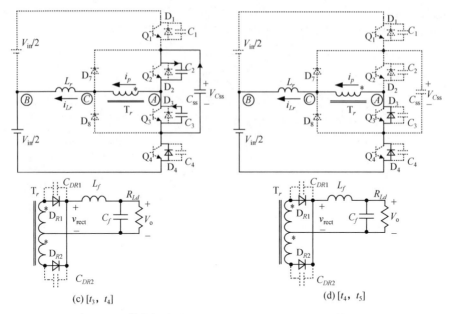

(c) $[t_3, t_4]$ (d) $[t_4, t_5]$

图 7.3.6　简化的改进型 ZVS PWM TL 变换器四个等效电路

7.3.4　隔直电容的影响

在实际电路中,由于四只开关管不可能完全一致,其驱动电路也不可能完全一样,这样会造成 Q_1 和 Q_2 的导通时间和通态压降不可能与 Q_3 和 Q_4 完全相同,也就是说 v_{AB} 不可能是一个纯粹的交流电压,而是含有一定的直流分量,可能会导致变压器铁心直流磁化直至饱和。抑制直流分量最简单的办法就是在变压器原边电路中串接隔直电容。隔直电容既可以与变压器串联,也可以与谐振电感串联。这样可以得到四种不同的电路拓扑,如图 7.3.7 所示。

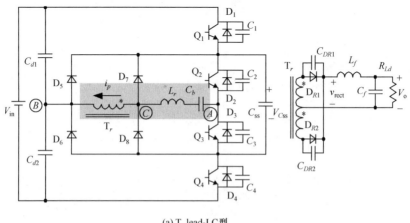

(a) T_r lead-LC型

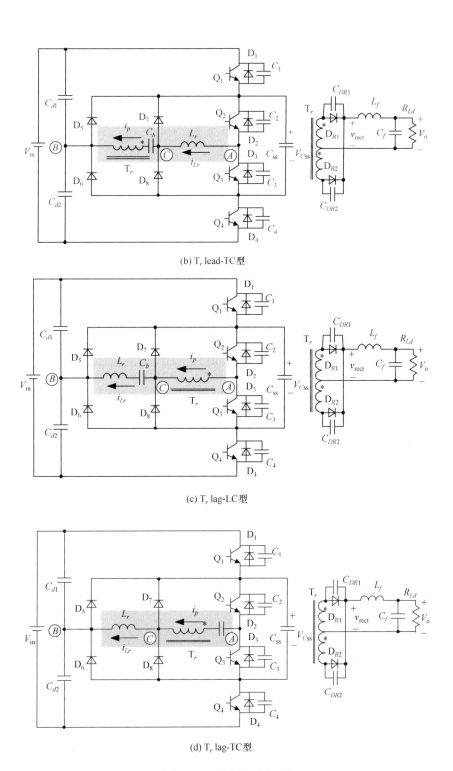

(b) T$_r$ lead-TC型

(c) T$_r$ lag-LC型

(d) T$_r$ lag-TC型

图 7.3.7　四种衍生的电路

对于 T_r lead 型变换器来说,箝位二极管在一个开关周期中导通两次,一次是在零状态时,此时谐振电感和变压器均被短路,另一次是在将输出整流管电压箝位之后一段时间,此时只有谐振电感被短路。如果隔直电容 C_b 与谐振电感串联,如图 7.3.8(a)所示,则 C_b 上的直流电压分量会造成谐振电感电流正负半周出现不对称;如果隔直电容与变压器串联,如图 7.3.8(b)所示,则 C_b 上的直流电压分量会造成其原边电流正负半周不对称。i_p 与 i_L 的正负半周不对称将会导致箝位二极管电流正负半周不对称。

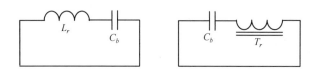

图 7.3.8　箝位二极管导通时的等效电路

对于 T_r lag 型变换器来说,箝位二极管只是在将输出整流管电压箝位之后一段时间内导通,此时只有谐振电感被短路。如果隔直电容与谐振电感串联,如图 7.3.8 (a)所示,则 C_b 上的直流电压分量会造成谐振电感电流正负半周出现不对称;如果隔直电容与变压器串联,C_b 与变压器不会被短路,因此 C_b 上的直流电压分量不会导致原边电流正负半周不对称。

从上面的讨论可以看出,图 7.3.7 (d)所示的电路结构是最优的,即在 T_r lag 型变换器的变压器中串联隔直电容。

7.3.5　参数设计

为了验证变换器的工作原理,设计了一台 3kW 的原理样机,具体要求如下:
- 输入电压:V_{in}＝540V DC±20％;
- 输出电压:V_o＝250V DC;
- 最大输出电流:I_o＝10A;
- 开关频率:f_s＝50kHz。

下面讨论该变换器的参数设计

1. 变压器原副边匝比的计算

设在最低输入电压条件下最大有效占空比 $D_{eff\,max}$＝0.8,因此,变压器原副边匝比 K 可由下式计算得到:

$$K=\frac{V_{in\,min}/2}{(V_o+V_D)/D_{eff\,max}}=0.687 \qquad (7.3.20)$$

式中,V_D 是副边整流二极管导通压降,V_D＝1.5V。

原副边匝数分别取 11 和 16 匝,因此实际 K＝0.688。

2. 谐振电感的计算

设最大占空比丢失为 $D_{\text{loss max}} = 0.1$，根据式 (7.3.19)，$L_r$ 可以计算得到：

$$L_r = \frac{K \cdot D_{\text{loss max}} \cdot V_{\text{in min}} \cdot T_s}{8 \times I_o} = 7.4 \mu\text{H} \tag{7.3.21}$$

实际取 L_r 为 $8\mu\text{H}$。

3. 开关管实现 ZVS 的范围

根据输入电压电流条件，选择开关管为两只 IRF460A 并联，在 $V_{\text{ds}} = 25\text{V}$ 时，每只开关管的结电容 $C_{\text{oss}} = 350\text{pF}$。$C_{\text{oss}}$ 是非线性的，与其电压的平方根成反比，即

$$C_{\text{oss}} = C_o' / \sqrt{V_{\text{ds}}} \tag{7.3.22}$$

式中，C_o' 是一个常数，取决于器件的结构。

由于是两只开关管并联，那么 C_{oss} 的表达式为

$$C_{\text{oss}} = 2 \times 350 \times 10^{-12} \times \sqrt{25/V_{\text{ds}}} \tag{7.3.23}$$

在分析时，一般将结电容容量用一个固定值替代，我们称之为有效值，其大小为 C_{oss} 乘以 $4/3$。因此 C_{lead} 和 C_{lag} 可以表达为

$$C_{\text{lead}} = C_{\text{lag}} = \frac{4}{3} \times 2 \times 350 \times 10^{-12} \times \sqrt{25/V_{\text{ds}}} \tag{7.3.24}$$

开关管的电压应力为输入电压的一半，在额定输入电压时，开关管的电压应力为 $540\text{V}/2 = 270\text{V}$。将 $V_{\text{ds}} = 270\text{V}$ 代入式 (7.3.24)，可得 $C_{\text{lead}} = C_{\text{lag}} = 284\text{pF}$。

根据式 (7.3.18)，保证滞后管实现 ZVS 的最小电流为

$$I_{\text{lag\_min}} = V_{\text{in}} \sqrt{\frac{C_{\text{oss}}}{2L_r}} = 540 \times \sqrt{\frac{284 \times 10^{-12}}{2 \times 8 \times 10^{-6}}} = 2.28(\text{A}) \tag{7.3.25}$$

它对应的负载电流为 $2.28 \times 0.688 = 1.57\text{A}$，即滞后管可以最小在 15.7% 负载时实现 ZVS。

超前管驱动的死区时间设为 $t_{d(\text{lead})} = 300\text{ns}$。死区时间对超前管寄生电容充放电的电流为

$$I_{\text{lead\_min}} = \frac{V_{\text{in}}}{2t_{d(\text{lead})}} \cdot (2C_{\text{lead}} + C_D') \tag{7.3.26}$$

很难准确得到 C_D' 的值。从实验结果可以得出大约有 $4/5$ 的原边电流是对 C_{lead} 充放电的，因此式 (7.3.26) 可以近似简化为

$$\frac{4}{5} I_{\text{lead\_min}} = \frac{V_{\text{in}}}{2t_{d(\text{lead})}} \cdot 2C_{\text{lead}} \tag{7.3.27}$$

所以

$$I_{\text{lead\_min}} = \frac{5}{4} \frac{V_{\text{in}} C_{\text{lead}}}{t_{d(\text{lead})}} = \frac{5}{4} \times \frac{540 \times 284 \times 10^{-12}}{300 \times 10^{-9}} = 0.64(\text{A}) \tag{7.3.28}$$

它对应的负载电流为 $0.64 \times 0.688 = 0.44\text{A}$，即超前管可以最小在 4.4% 负载时实现 ZVS。这于前面分析的超前管比滞后管实现 ZVS 范围宽的结论相一致。

7.3.6 实验结果

为了验证改进型加箝位二极管 ZVS PWM 三电平直流变换器的工作原理,同时针对图 7.3.7 提出的四种电路进行比较和验证,在实验室中完成了一台 3kW 的原理样机,其参数如下:

- 输入直流电压: $V_{in} = 540V \pm 20\%$;
- 输出直流电压: $V_o = 250V$;
- 输出电流: $I_o = 10A$;
- 开关管 $Q_1(D_1 \& C_1) \sim Q_4(D_4 \& C_4)$: 两只 IRF460 并联;
- 输出整流管 D_{R1} 和 D_{R2}: DSEI30-10A;
- 续流二极管 D_5 和 D_6: DSEI30-06A;
- 箝位二极管 D_7 和 D_8: DSEI30-06A;
- 谐振电感: $L_r = 8\mu H$;
- 隔直电容: $C_b = 5\mu F$;
- 变压器原副边匝比: 0.688;
- 输出滤波电感: $L_f = 500\mu H$;
- 开关频率: $f_s = 50kHz$。

图 7.3.9 给出了四种不同电路结构的实验波形,从上到下依次是 i_p、i_{Lr}、i_{D7}、i_{D8}、v_{AB} 和 v_{rect}。从图 7.3.7 中可以看出,副边整流电压 v_{rect} 基本上没有电压振荡和尖峰,因此加入箝位二极管后,每种电路都有效地消除了副边整流管的电压尖峰问题。T_r lead 型的箝位二极管在一个开关周期中导通了两次,而 T_r lag 型的箝位二极管在一个开关周期中只导通一次。在零状态时,T_r lag 型 i_{Lr} 比较小,这样导通损耗较小,效率较高。

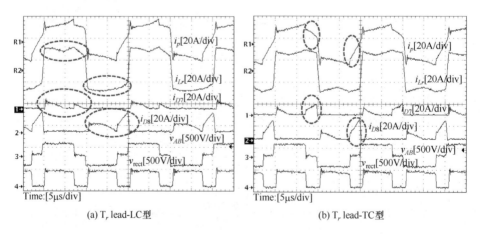

(a) T_r lead-LC型   (b) T_r lead-TC型

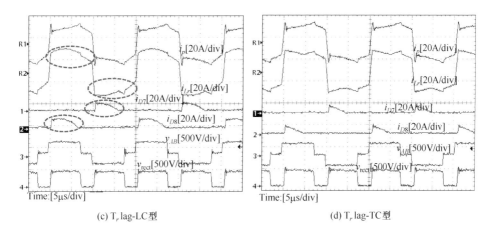

(c) T_r lag-LC型   (d) T_r lag-TC型

图 7.3.9   四种电路的实验波形

无论是 T_r lead 型还是 T_r lag 型,当隔直电容与谐振电感串联时,其直流分量都导致了谐振电感电流正负半周不对称,因此两只箝位二极管的电流也相应不对称,如图 7.3.9(a)和(c)所示。对于 T_r lead 型来说,当隔直电容与变压器串联时,其直流分量导致了变压器原边电流正负半周不对称,因此两只箝位二极管的电流也相应不对称,如图 7.3.9(b)所示。对于 T_r lag 型来说,不存在变压器被短路的情况,因此当隔直电容与变压器串联时,其直流分量不会导致变压器原边电流正负半周不对称,其谐振电感电流和箝位二极管电流均是正负对称的,如图 7.3.9(d)所示。因此也验证了图 7.3.7(d)所示的电路拓扑是最佳的。

图 7.3.10 给出了简化的改进型 T_r lag-TC 型 i_p、i_{Lr}、i_{D7}、i_{D8}、v_{AB} 和 v_{rect} 的波形,从图中可以看出 v_{rect} 没有振荡和电压尖峰,这要归功于 D_7 和 D_8。除了箝位作用,D_7 和 D_8 还起到了续流的作用。

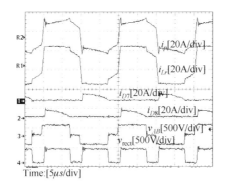

图 7.3.10   简化的改进型 T_r lag-TC 型的波形

图 7.3.11 给出了满载时超前管 Q_1 和滞后管 Q_2 驱动电压 v_{GS}、漏源极电压 v_{DS} 和漏极电流 i_D 波形。从图 7.2.9(a)可以看出由于 C_1 和 C_4 的存在,Q_1 是近似零电

压关断的,而在 Q_1 开通前,$v_{DS(Q1)}$ 已经减小到零,所以 Q_1 是零电压开通的。
图 7.2.9 (b)给出了滞后管 Q_2 的波形。从图中可以看出 Q_2 很好地实现了 ZVS。

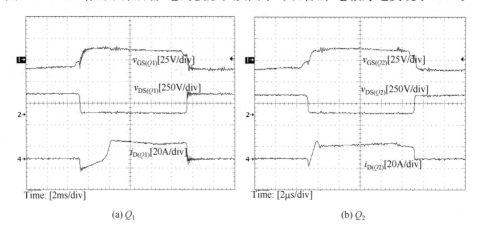

(a) Q_1 (b) Q_2

图 7.3.11   满载时开关管 v_{GS}、v_{DS} 和 i_D 的波形

图 7.3.12 给出了 T_r lead-LC 型、T_r lag-TC 型和简化的 T_r lag-TC 型变换器的效率曲线。图 7.3.12 (a)是在额定输入 540V 直流电,不同输出电流下的效率曲线,其中改进型 T_r lag-TC 型在满载 10A 时的效率为 93.5%,在 5A 的时候最高,达到 95%。图 7.3.12 (b)是在满载输出,不同输入电压下的效率曲线,从图中可以看出,变换器的效率随着输入电压的升高而降低,这是因为输入电压越高,变换器零状态时间越长,而零状态不为负载提供能量,却在原边的开关管、谐振电感和变压器原边绕组中产生通态损耗。

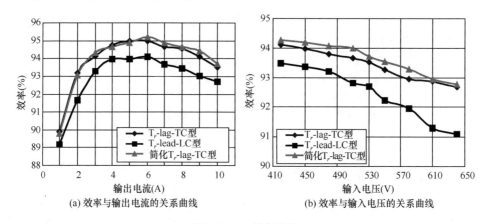

(a) 效率与输出电流的关系曲线   (b) 效率与输入电压的关系曲线

图 7.3.12   效率曲线

从图 7.3.12 还可以看出,T_r lag-TC 型的效率明显要比 T_r lead-LC 型的高,这是因为 T_r lag 型在零状态时,谐振电感电流较小,由此导致谐振电感和原边的导通损耗小,并且在一个周期中箝位二极管只导通一次。从图中还可以看出 T_r lag-TC

型的效率和简化的 T_r lag-TC 型基本一致,这是因为虽然简化型的去掉了两只续流二极管。但谐振电感电流流过 $V_{in}/2$、开关管和 C_{ss},其通态损耗与 T_r lag-TC 型基本相同,而其他的损耗也是基本一样的,从而两者的效率曲线也基本相同。

7.4　本章小结

本章对加箝位二极管 ZVS PWM 三电平变换器进行改进,提出了适合于高电压应用场合的改进型加箝位二极管 ZVS PWM 三电平变换器,改进后的变换器不仅保留了原变换器可以消除输出整流管上的电压振荡和尖峰的优点,与原变换器相比还具有以下优点:

(1) 在一个周期中,箝位二极管只导通一次,因此其电流定额可以减小;

(2) 零状态时导通损耗小,效率可以提高;

(3) 占空比丢失小。

本章还讨论了隔直电容在不同位置时对变换器工作的影响,确定了一种最佳工程方案,即在改进后变换器的变压器中串联隔直电容,并以一个 3kW 的原理样机进行了实验验证。

不仅仅是数据中心的应用场合,该改进型加箝位二极管 ZVS PWM 三电平变换器还可用于其他分布式架构的供电系统,不仅具有电气隔离和分压的功能,还可以减少变换器数量,提高整体效率。

第8章 电压调节模块

8.1 引 言

随着信息产业技术的迅猛发展,数据中心的计算量越来越大,中央处理器(CPU)在数据中心的应用越来越多,这就意味着数据中心供电系统需要有大量的电源给其供电,如图 8.1.1 所示。最初的 CPU 直接采用计算机电源的 5V 电压来供电,随着 CPU 的飞速发展,对其供电电源提出了更高的要求,因此需要专门研制新的更稳定的供电电源,这就是电压调节模块(Voltage Regulator Module, VRM)。

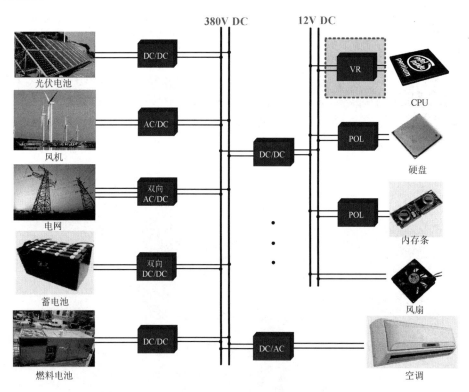

图 8.1.1 数据中心双直流母线供电系统结构图

CPU 的功耗近似地与它的供电电压平方和工作频率成正比,其表达式如下:

$$P_{CPU} \propto CV_{CC}^2 f \tag{8.1.1}$$

因此,为了降低功耗,必须降低其供电电压。而由于 CPU 中集成的硅晶体越来越多,其供电电流 I_{CC} 越来越大。与此同时,随着用户对计算机性能要求越来越高,CPU 的运算速度越来越快,随之其工作频率也越来越高,所以 CPU 的电流上升率也越来越快,需要很大的动态能量。因此这就要求 VRM 具有高效率的同时具有很高的动态特性。

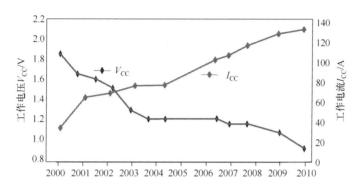

图 8.1.2　Intel 公司规定的 VRM 输出电压和输出电流

图 8.1.2 给出了 Intel 公司对 VRM 输出电压和输出电流的要求,针对下一代 CPU 设计的 VRM 需要满足以下指标[57]:

(1) 输出电压越来越低。现阶段 VRM 的输出电压已由原来的 3.3V 降低到了 1V 左右,未来将低于 1V。

(2) 负载电流越来越大。随着 CPU 处理的数据量越来越大,VRM 的输出功率不断提高,而输出电压在不断减小,因此电流越来越大,将超过 130A。

(3) 负载电流上升率越来越高。由于微处理器是个动态负载,在运行模式和睡眠模式之间频繁地进行切换,因此对 VRM 的动态性能要求很高,电流变化率甚至超过 2A/ns。

这些技术指标都给 VRM 的设计带来了巨大的挑战。高效率、高功率密度、高动态特性是设计 VRM 时需要综合考虑的性能指标。

8.2　电压调节模块的研究现状

根据输入电压的不同,VRM 的输入有 5V、12V 以及 48V 三种与之相适应的电路拓扑;根据输入输出是否实现电气隔离,VRM 有隔离型拓扑和非隔离型拓扑两种;根据电路的结构,也可分为单级式和两级式两种。

早期的 VRM 采用 5V 输入电压,3.3V 输出电压,输入输出电压相差不大,因此可采用 Buck 电路拓扑。Buck 电路属于非隔离型电路拓扑,具有结构简单、设计方便的优点。在低压 VRM 的应用场合工作时,常常用低压 MOSFET(其通态电阻很小,毫欧级)代替肖特基整流管,即同步整流 Buck 变换器,从而降低通态损耗,提高变换器的效率和功率密度。但在负载瞬态变化过程中,过大的滤波电感限制了能量的传输速度,负载瞬态变化所需要(或产生)的能量几乎全部由滤波电容提供(或吸收)。特别在大电流负载下,必须增加滤波电容,使电源体积增大,功率密度降低。

为了改善 VRM 的动态响应特性,多通道交错并联 Buck 变换器(Multi-Phase Interleaved Buck Converter)的电路拓扑被提出,如图 8.2.1 所示。它通过 n 个通道的同样的 Buck 变换器共用输入输出实现输出并联,每个通道主开关管错开 $(360/n) \times k$ 个相角进行控制。通过多个通道的输出电流叠加使得输出电流纹波减小,在相同的电流纹波要求下,电感可以设计在较小的值,并且可以动态选择通道的数量,因此变换器的动态特性得到了很好的改善。

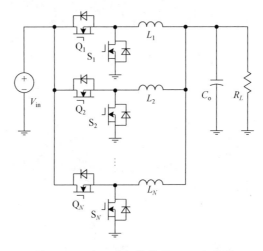

图 8.2.1　多通道交错并联 Buck 变换器

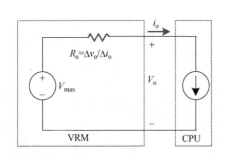

图 8.2.2　自适应电压定位 VRM 等效电路

为了改善动态特性,通常需要对 VRM 进行自适应电压定位控制(Adaptive Voltage Position, AVP)[58,59],通过优化控制环路的设计,使得 VRM 的输出阻抗恒定,等效电路如图 8.2.2 所示。在负载突增突减时,可以保证输出电压满足规定的窗口要求,减小输出电容值,同时还可以减少 VRM 的满载功耗。

采用耦合电感技术,将多通道交错并联 Buck 变换器的电感进行耦合,使得变换器在稳态和动态时的等效电感值不同,这样既保证了变换器在稳态时较高的效率,又使其具有良好的动态特性[60]。

准方波(Quasi-Square-Wave, QSW)工作方式的拓扑结构与同步整流 Buck 电路相同,但其输出滤波电感远远小于同步整流 Buck 电路中的电感值,使得 QSW 电路的瞬态响应时间很短。但是该电路仍然存在着许多问题,电感电流的

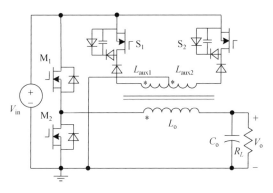

图 8.2.3　步进电感 Buck 变换器

纹波增大,使其损耗增加;流过开关管的电流有效值增大,通态损耗增加等。

此外,根据 VRM 稳态和动态时对电感值要求不同的原理,一种单相采用步进电感技术的 VRM 被提出,如图 8.2.3 所示[61]。稳态时,辅助电路不工作,在 Step-up 负载突变时,S_1 导通,L_o 饱和,输出电感值减小到 L_r,其值很小,相当于漏感,从而大大提高了电流变化的斜率。在 Step-down 时,S_2 闭合,L_o 仍相当于短路,输出电容上的不平衡电荷可以通过 L_r 迅速泄放。在负载突增或突减时,输出电感饱和其感值减小,可以实现能量的快速传递,改善了动态特性。

Buck 电路的输出电压与输入之间的关系为 $M = \dfrac{V_o}{V_{in}} = D$,其中 D 为开关管 Q 的占空比。随着 VRM 输入电压从 5V 提高到 12V,甚至到 48V,而输出电压不断降低,使得输入输出电压相差悬殊。若使用 Buck 电路就会存在占空比过小而引发的一系列问题:引起不对称瞬态响应,卸载(Step down)响应性能远差于加载(Step up)响应性能;引起变换器整体效率下降;多相交错并联后的消除纹波效果不显著。

为了解决占空比过小的问题,有人提出了抽头电感 Buck 变换器[62],如图 8.2.4所示。它的电压变换比为 $M = \dfrac{V_o}{V_{in}} = \dfrac{D}{n + (1-n)D}$,该变换器扩展了等效占空比,并且如果适当选取匝比 n,可获得对称的瞬态响应性能,有利于效率的优化。但是也存在一些不足:开关管 Q_1 的电压应力随 n 增大而增大;由于耦合电感存在漏感,使 Q_1 关断时承受很大的电压尖峰,因此必须选用高耐压的 MOSFET,而高耐压 MOSFET 的通态电阻往往很大,使 Q_1 通态损耗增大;开关管 Q_2 的电流应力随 n 增大而增大,因此不希望很大的 n。

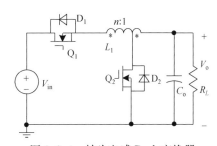

图 8.2.4　抽头电感 Buck 变换器

如图 8.2.5 所示的电路是一种混合供电拓扑[63]，Buck 拓扑是主供电电路，而推挽线性电路为辅助电路，即采用线性电源与开关电源同时供电。在负载 Step-down 突变时，线性电源给电容提供一个电流泄放回路，以此来保持电容上电压的稳定。它结合了开关电源的高效率和线性电源的快速响应速度的优点。

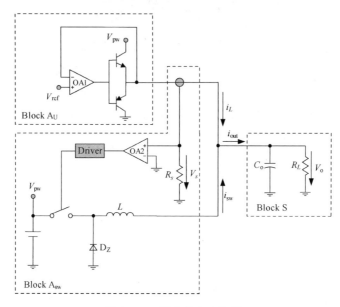

图 8.2.5　混合供电变换器

目前的 VRM 大多是 12V 母线输入电压，对于未来 CPU 供电电压低于 1V 的要求，采用非隔离型的拓扑显然不合适，因此考虑引入变压器，利用变压器的变比来扩大变换器的等效占空比。隔离型电路拓扑在 VRM 中得到了应用。

有源箝位正激变换器采用辅助开关管和箝位电容实现变压器的磁复位，与传统RCD复位相比，损耗小，并且利用漏感中的能量可实现主开关管的软开关。但是该变换器在负载突变时磁芯很容易饱和，因此要选择较大的磁芯，结果会增大变流器的体积，减小功率密度，所以不适合用于 VRM 这类对动态响应要求很高的场合。

对称半桥变换器电路拓扑与有源箝位正激变换器相比，在负载突变时，变压器不会饱和，因而动态响应好，并且可以选择较小的磁芯。它的缺点在于初级电压只有输入电压的一半，所以在 D 一定的条件下，匝比 n 不能做得过大，因此原边电流会比较大，使得导通损耗增大，因此不适用于开关频率较高的场合。

全桥变换器比半桥变换器多了一个由开关管组成的桥臂，通过合理设计参数，这四个开关管都可以实现零电压开关(Zero Voltage Switching, ZVS)，可用在开关频率较高的场合中。但是开关管数量增多，控制上比较复杂。而且其动态响应特性也受到了输出滤波电感的限制。

传统的推挽变换器最主要的问题是当开关管关断时，变压器的漏感会产生很大的尖峰电压加在管子两端,这与反激变换器的工况相同。为了解决这一问题,一种新型的推挽正激变换器被提出,如图 8.2.6 所示,引入了箝位电容,将开关管电压箝位在 $2V_{in}$。该变换器为一个二阶系统,其控制简单,瞬态响应快;它具有很高的转换效率,而且变压器和电感可以很容易集成在一起,大大提高了变换器的功率密度。

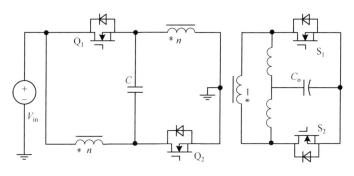

图 8.2.6　新型推挽正激变换器

将内置滤波器的概念引入推挽正激变换器中可以得到改进型推挽正激变换器[64],如图 8.2.7 所示。内置滤波器使得输入电流纹波减小,滤波器尺寸可大大减小,且可以直接利用变压器的漏感作为输入滤波器进行磁集成,使变换器的效率大大提高。

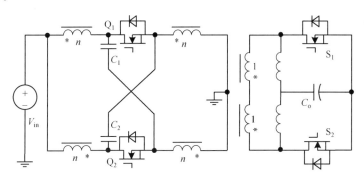

图 8.2.7　内置输入滤波器的推挽正激变换器

电压调节模块也可采用两级式的结构,将单级 VRM 要实现的功能分成两部分完成,如图 8.2.8 所示。第一级拓扑解决输入电压相对于输出较高的问题,第二级拓扑主要解决来自负载的问题。因此,第一级拓扑要求电路简单、降压、高效,而频率不要太高;第二级拓扑要求低输入电压,采用低额定电压器件,高频、高效和快速的动态响应,但是两级式 VRM 的电路结构和控制均比较复杂。

以上分析可以看出,VRM 的拓扑都是围绕如何提高其效率、动态特性以及功率密度发展的,未来 VRM 设计时主要有以下一些亟待解决的问题。

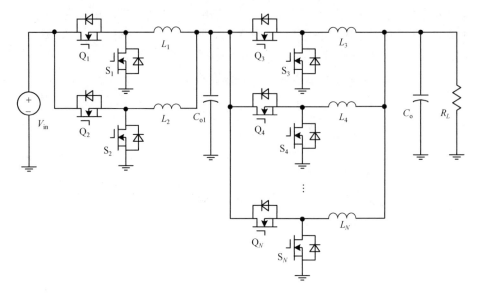

图 8.2.8　两级式变换器

（1）减少输出滤波电容。由于 VRM 在动态负载突增突减时,要求输出电压在很窄的窗口内,因此需要很大的输出滤波电容来提供动态能量,这就增加了 VRM 的体积,使其功率密度难以提高。

（2）减小 VRM 体积,提高功率密度。未来 CPU 的电流越来越大,需要更多通道的 Buck 变换器进行交错并联,因此减小变换器的体积十分必要。

（3）提高轻载效率。CPU 在工作时需要在工作和睡眠模式中进行频繁切换,80%～90%的时间均处于睡眠模式,因此提高轻载效率对节约能源的意义重大。

8.3　磁集成自驱动非隔离 ZVS 全桥 DC/DC 变换器

8.3.1　变换器的推导

图 8.3.1(a)所示为常见的倍流整流器结构,它由一个变压器和两个电感组成。这三个磁性元件体积较大,这就意味着功率回路较大,导通损耗较大。为了对其进行改进,图 8.3.1 给出了磁集成结构的推导过程。

（1）倍流整流变压器拆分成两个变压器,这两个变压器原边和副边都串联在一起;

（2）将输出滤波器集成在变压器中,将变压器的励磁电感作为输出滤波电感。

因此,改进后的磁集成结构只有两个变压器,减少了磁性元件的数量和体积。

将新的磁集成结构引入非隔离的 ZVS 全桥变换器中,并且在电路中选择合适的信号作为变压器副边同步整流管的驱动信号以实现其自驱,可以推导出一种磁

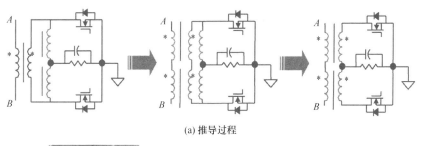

(a) 推导过程

(b) 一个变压器和两个电感的分离结构

(c) 两个变压器的集成结构

图 8.3.1　磁集成结构的推导过程

集成自驱动非隔离 ZVS 全桥 DC/DC 变换器,如图 8.3.2 所示。

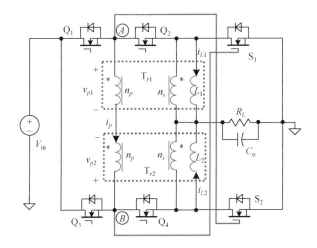

图 8.3.2　磁集成自驱动非隔离 ZVS 全桥 DC/DC 变换器

8.3.2　工作原理

图 8.3.3 给出了磁集成自驱动非隔离 ZVS 全桥 DC/DC 变换器的关键波形。Q_1 与 Q_2 互补导通,Q_3 与 Q_4 互补导通。输出电压由 Q_2 和 Q_4 的占空比进行调节,n 是变压器原副边匝比。下面将分析其具体工作原理。

在分析之前,作如下假设:①所有的开关管都是理想的;②所有的电容和电感都是理想的;③输出电容 C_o 足够大,输出电压可近似认为是一个电压源。

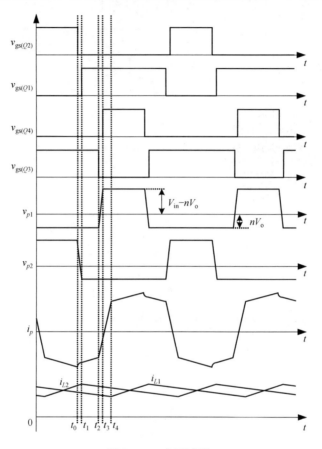

图 8.3.3　主要波形

(1) 开关模式 1[在 t_0 之前](图 8.3.4(a)):Q_2 和 Q_3 导通,B 点为高电平。由于 B 点直接与 S_1 的门极相连,S_1 被自驱导通。此时 Q_2 和 S_1 同时导通,则 A 点接地,S_2 保持为关断状态。变压器 T_{r1} 副边两端电压被箝位为 V_o。$(V_{in}-nV_o)$ 作用于变压器 T_{r2} 原边,i_{L2} 线性上升。能量通过变压器从输入传递到输出。

(2) 开关模式 2[t_0,t_1](图 8.3.4(b)):在 t_0 时刻,Q_2 关断。原边电流给 Q_2 的结电容充电,给 Q_1 的结电容放电。同时,S_1 在这个模式仍然导通。S_2 的门极电容和 Q_2 的结电容并联由原边电流充电。A 的电位在上升。

(3) 开关模式 3[t_1,t_2](图 8.3.4(c)):当 A 点的电位上升到 S_2 的门槛电压时,S_2 导通,A 点的电位迅速上升至 V_{in}。Q_1 实现零电压开通,原边成环流状态。

(4) 开关模式 4[t_2,t_3](图 8.3.4(d)):Q_3 在 t_2 时刻被关断,变压器漏感和 Q_3 与 Q_4 的结电容谐振。同时由于 S_1 的门极电容与 Q_4 的结电容并联,因此也参与谐振过程,B 点电位在下降。

(5) 开关模态 5$[t_3 , t_4]$(图 8.3.4(e)):在 t_3 时刻,Q_3 两电压上升至 V_{in}。同时,B 点电位下降至 0,S_1 关断。由于漏感的存在,原边电流在上升但是还不足以

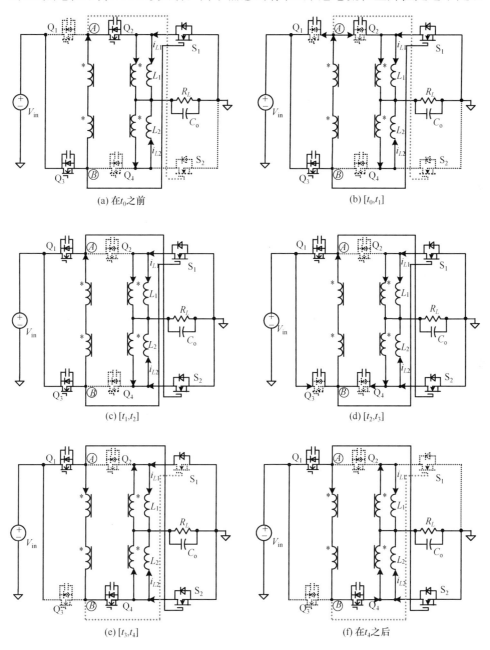

(a) 在t_0之前

(b) $[t_0, t_1]$

(c) $[t_1, t_2]$

(d) $[t_2, t_3]$

(e) $[t_3, t_4]$

(f) 在t_4之后

图 8.3.4　等效电路

提供负载电流,因此 S_1 的体二极管导通提供不足的负载电流。这个模态的时间取决于漏感以及负载电流的大小。漏感越大,体二极管导通损耗越大。

(6) 开关模态 6[在 t_4 之后](图 8.3.4(f)):在 t_4 时刻,原边电流上升至负载电流,S_1 的体二极管关断。后半个周期开始,工作原理与前半个周期类似。

8.3.3 自耦变压器自驱动方法

同步整流管(Synchronous Rectifier,SR)的门极直接与 A 点和 B 点相连,因此 SR 的驱动电压固定为 V_{in}。一般来说,驱动电压越低,驱动损耗越小,但导通损耗越大,这两种损耗之间需要有一个折中。在该变换器中采用 8 个 IRF6716 并联作为 SR,图 8.3.5 给出了 SR 在不同的驱动电压下的损耗对比。变换器参数为:$V_{in}=12V$,$V_o=1.2V$,$I_o=130A$。如图 8.3.5 所示,8V 是最佳的驱动电压。但是 SR 的驱动电压固定为 V_{in}。因此需要一个新的自驱动方法,能将输入电压降至最佳电压。

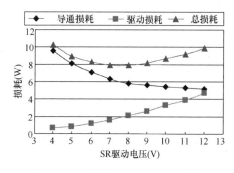

图 8.3.5 不同驱动电压下 SR 损耗

为了得到最佳的驱动电压,可以采用如图 8.3.6(a) 所示的自耦变压器自驱动方法。自耦变压器产生电压 v_T,波形如图 8.3.6(b)。它的形状正好与 $v_{gs(Q1)}$ 相同,电压跨度有 $K=n_T/n_p$ 决定,其中 n_T 为自耦变压器的匝数,n_p 为变压器原边的匝数。

最佳的驱动电压可以通过调节 n_T 得到。但是 v_T 上有直流分量,不能直接用来驱动 SR,需要增加一个电平转移电路剔除其直流分量。图 8.3.6(c) 给出了电平转移电路,设计过程如下。

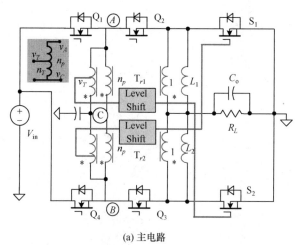

(a) 主电路

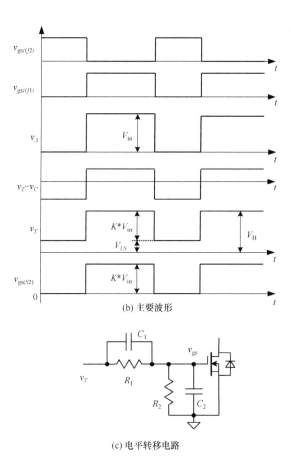

(b) 主要波形

(c) 电平转移电路

图 8.3.6　自耦变压器驱动方法

v_T 由直流分量 $v_{T(DC)}$ 和交流分量 $v_{T(AC)}$ 组成,如图 8.3.7 所示。电平转移电路的作用是传递 v_T 的交流分量和部分直流分量,使得其最低电压能达到 0 来关断 SR。

从电平转移电路,可以得到

$$\frac{v_{gs}}{v_T}=\frac{R_2(1+sC_1R_1)}{R_2(1+sC_1R_1)+R_1(1+sC_2R_2)} \tag{8.3.1}$$

对于直流分量来说,$s=0$,因此直流增益为

$$\left.\frac{v_{gs}(s)}{v_T(s)}\right|_{s=0}=\frac{R_2}{R_2+R_1}=K \tag{8.3.2}$$

正如之前所得出的 8V 是最佳驱动电压的结论。因此,$K=2/3$。我们选择 $R_1=0.5\mathrm{k}\Omega$,$R_2=1\mathrm{k}\Omega$。

对于开关频率部分,$s=\mathrm{j}2\pi f_s$,且有 $|sC_1R_1|\gg1$,$|sC_2R_2|\gg1$,因此

$$\left.\frac{v_{gs}(s)}{v_T(s)}\right|_{s=\mathrm{j}\omega_s}\approx\frac{C_2}{C_1+C_2} \tag{8.3.3}$$

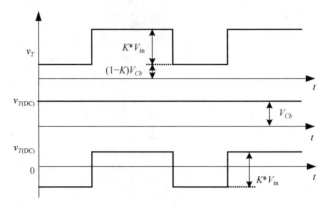

图 8.3.7 v_T 的交流和直流部分

所有的交流频率分量均能通过电平转移电路,因此我们设 $\dfrac{C_2}{C_1+C_2}=1$,因此 $C_1 \gg C_2$,C_2 是 SR 的输入电容。假如两个并联的 IRF6716 作为 SR,则通过器件手册可以查询到其 C_2 为 10nF。因此 C_1 可选 $0.2\mu F$。

运用以上参数,绘制出电平转移电路的波特图,如图 8.3.8(b)所示。由波特图可以看出,部分直流分量通过了电平转移电路,而开关频率的交流分量则全部通过电平转移电路,且没有相位差,这说明了参数设计是正确的。

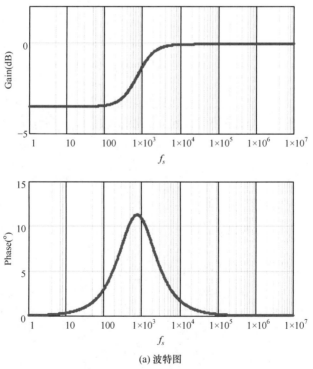

(a) 波特图

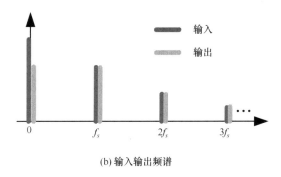

（b）输入输出频谱

图 8.3.8　波特图和频谱图

8.4　集成变压器电流采样方法

VRM 负载电流变化率很高，未来将达到 2A/ns。为了满足动态能量的要求，VRM 输出使用大量的电容，增加了变换器的体积和成本。因此，自适应电压定位的概念被提出。从输出端口看，实现 AVP 的 VRM 等效为一个理想电压源和一个电阻串联，通过电流环的合理设计，使变换器具有恒定的输出阻抗。为了实现 AVP，必须对电流进行检测，另外为了实现多相并联均流，也需要对每相的电流进行检测，因此电流采样电路必不可少。

常见的电流采样方法有：串联电阻采样、采用功率管 R_{ds} 采样、利用电感 DCR 采样和电流互感器等。在分析之前采样电路的基础上，本书提出了一种应用于磁集成变压器的电流采样方法，该方法可以实时对变压器励磁电感电流进行采样，采样电路损耗小且结构简单易于实现。该方法也可应用于如图 8.3.2 所示的磁集成变压器应用场合。

8.4.1　电感 DCR 采样

电感 DCR 采样（图 8.4.1）是在电感两端并联一个低通 RC 网络来实现电流采样的。具体的原理分析如下：

$$V_C(s)+V_C(s) \cdot sRC = I_L(s) \cdot (sL+DCR)$$

$$(8.4.1)$$

$$V_C(s) = \frac{I_L(s) \cdot (1+sL/DCR)}{1+RCs} \cdot DCR$$

$$(8.4.2)$$

当 $L/DCR = RC$ 时，$V_C(s) = I_L(s) \cdot$ DCR。由此可见电容上的电压与电感电流

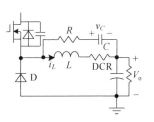

图 8.4.1　电感 DCR 采样

是成比例的,可以通过采样电容电压来间接得到电感电流信息。使用这个方法的前提是必须知道电感以及 DCR 的值,并且采样电路 R、C 的值要按条件选取。这个方法损耗少,电路结构简单,因此应用越来越广泛。

8.4.2　集成变压器电流采样方法

针对磁集成变压器励磁电感电流目前还没有一种合适的采样方法的现状,本节提出了一种集成变压器电流采样方法,即在变压器副边并联一个电阻-电容(RC)检测网络,如图 8.4.2 所示。

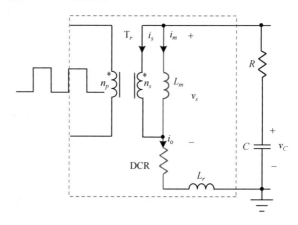

图 8.4.2　集成变压器电流采样方法

根据变压器原边电流正负对称与否,分为两种情况:①正负半周对称;②正负半周不对称。根据分析可得,正负半周电流对称是不对称的一个特例,因此下面将针对原边电流波形正负不对称的情况进行分析,分析在忽略变压器漏感以及考虑漏感两种情况下,所提出电流检测方法的可行性。

1. 忽略漏感的情况

假设变压器漏感 L_r 很小可忽略不计,流经集成变压器 DCR 的电流包含两个部分:电感电流 i_m 和副边电流 i_s。由于 i_s 的存在,使得电路更加复杂,如图 8.4.2 所示。以下就电容上检测到的电压与励磁电感电流之间的关系进行分析,具体的分析过程如下:

首先假设变压器副边波形为如图 8.4.3 所示的矩形波,由变压器励磁电感的伏秒平衡可得

$$V_A D + V_B(1-D) = 0 \qquad (8.4.3)$$

而且 RC 网络满足

$$L_m / \text{DCR} = RC \qquad (8.4.4)$$

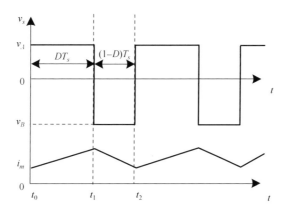

图 8.4.3　变压器副边电压及励磁电感电流波形

1）频域分析法

根据电路关系，可以在频域内列出下式

$$V_C(s) \cdot sRC + V_C(s) = I_m(s) \cdot sL_m + \text{DCR} \cdot [I_m(s) + I_s(s)] \tag{8.4.5}$$

$$V_C(s) = I_m(s) \cdot \text{DCR} + \frac{\text{DCR} \cdot I_s(s)}{1 + RCs} \tag{8.4.6}$$

从式（8.4.6）可以看到，电容两端电压包含两个部分：第一部分是 $I_m(s) \cdot$ DCR，代表励磁电感电流的准确信息；第二部分包含副边电流和低通滤波器，它是电容电压包含的不需要采样的信息。然而以下两个条件保证了该电流采样方法的准确性：首先，由于变压器原边串联隔直电容，因此变压器副边电流不包含直流成分，只有与开关频率相同的交流量或者更高次的谐波。其次，并联的 RC 网络是低通滤波器，因此对副边高频电流能产生很大的衰减作用。在图 8.4.2 所示的电路中，若 DCR 的值是 $0.15\text{m}\Omega$，L_m 的值是 60nH，那么 RC 网络的转折频率大约是 400Hz，而开关频率是 700kHz。从图 8.4.4 所示的波特图可以看出 RC 网络对开关频率成分有 -65dB 左右的衰减，而对高次谐波将有更大的衰减作用，所以第二部分相比于第一部分很小可以被忽略，即

$$V_C(s) \approx I_m(s) \cdot \text{DCR} \tag{8.4.7}$$

2）时域分析法

下面从时域角度分析该方法的可行性。$i_s(t)$ 为不含直流分量的周期函数，对其进行傅里叶分解

$$i_s(t) = \sum_{n=1}^{\infty} A_n \sin[n\omega(t - t_0) + \varphi_n] \tag{8.4.8}$$

$$\omega = 2\pi/T_s$$

$$A_n = \sqrt{\left[\frac{2}{T_s}\int_{t_0}^{t_0+T_s} i_s(t)\sin[n\omega(t-t_0)]\mathrm{d}t\right]^2 + \left[\frac{2}{T_s}\int_{t_0}^{t_0+T_s} i_s(t)\cos[n\omega(t-t_0)]\mathrm{d}t\right]^2}$$

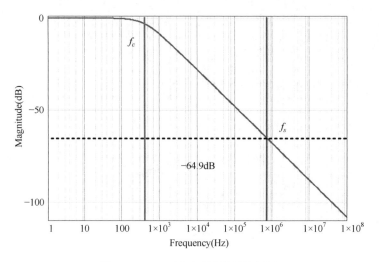

图 8.4.4 RC 低通滤波器的波特图

$$\varphi_n = \arctan \frac{\dfrac{2}{T_s}\displaystyle\int_{t_0}^{t_0+T_s} i_s(t)\cos[n\omega(t-t_0)]\mathrm{d}t}{\dfrac{2}{T_s}\displaystyle\int_{t_0}^{t_0+T_s} i_s(t)\sin[n\omega(t-t_0)]\mathrm{d}t}$$

(1) 开关模式 $1:t_0 \leqslant t \leqslant t_1[t_0+DT_s]$

$$RC\frac{\mathrm{d}v_C}{\mathrm{d}t} + v_C = V_A + [i_m(t)+i_s(t)] \cdot \mathrm{DCR} \tag{8.4.9}$$

$$i_m(t) = i_m(t_0) + \frac{V_A}{L_m}(t-t_0) \tag{8.4.10}$$

$$\begin{aligned}
v_C(t) =& \left[v_C(t_0) - V_A - i_m(t_0) \cdot \mathrm{DCR} + RC\frac{V_A \cdot \mathrm{DCR}}{L_m}\right] \cdot \mathrm{e}^{-\frac{t-t_0}{RC}} + V_A \\
&+ i_m(t_0) \cdot \mathrm{DCR} + (t-t_0-RC)\frac{V_A \cdot \mathrm{DCR}}{L_m} \\
&+ \mathrm{DCR} \cdot \sum_{n=1}^{\infty} \frac{A_n\sin[n\omega(t-t_0)+\varphi_n]}{1+(n\omega RC)^2} \\
&- \mathrm{DCR} \cdot \sum_{n=1}^{\infty} \frac{n\omega RCA_n\cos[n\omega(t-t_0)+\varphi_n]}{1+(n\omega RC)^2}
\end{aligned} \tag{8.4.11}$$

由于采样电路的时间常数 RC 很大,而变换器工作频率很高,所以式(8.4.11)中的 $\mathrm{DCR} \cdot \displaystyle\sum_{n=1}^{\infty} \dfrac{A_n\sin[n\omega(t-t_0)+\varphi_n] - n\omega RCA_n\cos[n\omega(t-t_0)+\varphi_n]}{1+(n\omega RC)^2}$ 这项因分母数量级很大使整个值很小可被忽略,并且 $\mathrm{e}^{-\frac{t-t_0}{RC}}$ 在一个开关周期内几乎不发生衰减,所以可作如下近似

$$\left[v_C(t_0) - V_A - i_m(t_0) \cdot \mathrm{DCR} + RC\frac{V_A \cdot \mathrm{DCR}}{L_m}\right] \cdot \mathrm{e}^{-\frac{t-t_0}{RC}}$$

$$\approx v_C(t_0) - V_A - i_m(t_0) \cdot \mathrm{DCR} + RC\frac{V_A \cdot \mathrm{DCR}}{L_m} \tag{8.4.12}$$

$$i_C(t) = C \cdot \mathrm{DCR} \cdot \left\{\frac{V_A}{L_m} + \sum_{n=1}^{\infty}\frac{(n\omega)^2 RCA_n\sin[n\omega(t-t_0)+\varphi_n]}{1+(n\omega RC)^2}\right.$$

$$\left. + \sum_{n=1}^{\infty}\frac{n\omega A_n\cos[n\omega(t-t_0)+\varphi_n]}{1+(n\omega RC)^2}\right\} \tag{8.4.13}$$

$$i_C(t_0) \approx C\frac{V_A \cdot \mathrm{DCR}}{L_m} + \sum_{n=1}^{\infty}\frac{A_n\sin\varphi_n}{R} \cdot \mathrm{DCR} \tag{8.4.14}$$

因此将式(8.4.11)简化处理可以得到

$$v_C(t) = v_C(t_0) + (t-t_0) \cdot \frac{V_A \cdot \mathrm{DCR}}{L_m} \tag{8.4.15}$$

$$v_C(t) = i_m(t_0) \cdot \mathrm{DCR} + V_A + i_s(t_0) \cdot \mathrm{DCR} - i_C(t_0) \cdot R + (t-t_0) \cdot \frac{V_A \cdot \mathrm{DCR}}{L_m} \tag{8.4.16}$$

$$v_C(t) = i_m(t) \cdot \mathrm{DCR} + V_A - RC\frac{V_A \cdot \mathrm{DCR}}{L_m} \tag{8.4.17}$$

由于选择的 R、C 参数满足式(8.4.4),所以式(8.4.17)可以简化成

$$v_C(t) = i_m(t) \cdot \mathrm{DCR} \tag{8.4.18}$$

(2) 开关模式 $2:t_1 \leqslant t \leqslant t_2[t_1+(1-D)T_s]$

$$RC\frac{\mathrm{d}v_C}{\mathrm{d}t} + v_C = V_B + [i_m(t) + i_s(t)] \cdot \mathrm{DCR} \tag{8.4.19}$$

$$i_m(t) = i_m(t_1) + \frac{V_B}{L_m}(t-t_1) \tag{8.4.20}$$

$$v_C'(t) = [v_C(t_1) - V_B - i_m(t_1) \cdot \mathrm{DCR} + RC\frac{V_B \cdot \mathrm{DCR}}{L_m}]\mathrm{e}^{\frac{t-t_1}{RC}}$$

$$+ V_B + i_m(t_1) \cdot \mathrm{DCR} + (t-t_1-RC) \cdot \frac{V_B \cdot \mathrm{DCR}}{L_m}$$

$$+ \mathrm{DCR} \cdot \sum_{n=1}^{\infty}\frac{A_n\sin[n\omega(t-t_1)+\varphi_n]}{1+(n\omega RC)^2}$$

$$- \mathrm{DCR} \cdot \sum_{n=1}^{\infty}\frac{n\omega RCA_n\cos[n\omega(t-t_1)+\varphi_n]}{1+(n\omega RC)^2} \tag{8.4.21}$$

将式(8.4.21)做如式(8.4.11)类似的处理,则可在开关模式 2 同样得到与式(8.4.18)相同的结论。

2. 考虑漏感的情况

上述电流采样方法的分析是基于漏感忽略不计的基础上的,下面将分析考虑

漏感后,对于采样结果的影响。

根据图 8.4.2,可以得到以下公式:

$$V_C(s) \cdot sRC + V_C(s) = I_m(s) \cdot sL_m + (DCR + sL_r) \cdot [I_m(s) + I_s(s)]$$

$$(8.4.22)$$

$$V_C(s) = I_m(s)DCR \cdot \frac{1 + s(L_m + L_r)/DCR}{1 + sRC}$$

$$+ I_s(s) \cdot DCR \cdot \frac{1 + sL_r/DCR}{1 + sRC} \qquad (8.4.23)$$

如果选择的 RC 网络参数满足下式:

$$(L_m + L_r)/DCR = RC \qquad (8.4.24)$$

那么可得到

$$V_C(s) = I_s(s) \cdot DCR \cdot \frac{1 + sL_r/DCR}{1 + sRC} + I_m(s) \cdot DCR \qquad (8.4.25)$$

从式(8.4.25)可以看出,与不考虑漏感情况的区别就在于副边电流的传递函数。之前的传递函数是一个低通滤波器,对高频分量有很大的衰减作用,而考虑漏感后 $G(s) = \dfrac{1 + sL_r/DCR}{1 + sRC}$,增加了一个零点。实际测得图 8.4.2 电路中漏感 L_r 的值是 10nH,那么 $G(s)$ 的幅频特性如图 8.4.5 所示,它对 i_s 的开关频率分量以及高次谐波分量仍然有 -16.9dB 的衰减作用。图 8.4.6 给出了不同 L_r/L_m 值对应的 $G(s)$ 对副边电流开关频率分量的衰减倍数。如果合理设计变压器,使得 L_r/L_m 的值减小,则 $G(s)$ 对 i_s 将具有更大的衰减作用,从而保证采样结果的准确性。

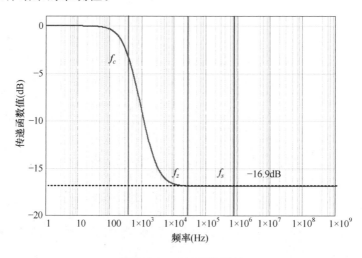

图 8.4.5　$G(s)$ 幅频特性

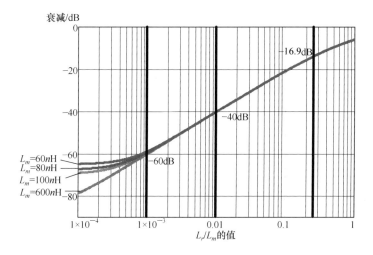

图 8.4.6　$G(s)$对 i_s 开关频率分量的衰减图

由以上分析可知,不论是从频域还是时域上都可以证明所提出的集成变压器电流采样方法的正确性。变压器副边电流通过 RC 低通采样网络被滤除,使其对采样结果不造成影响,因此可以将该电流采样方法应用于集成变压器的电流闭环控制。

8.4.3　仿真分析和实验验证

为了验证理论分析的正确性,对本节提出的集成变压器电流采样方法进行 SIMPLIS 仿真分析,结果如图 8.4.7 所示。变换器无论工作在稳态还是动态,通

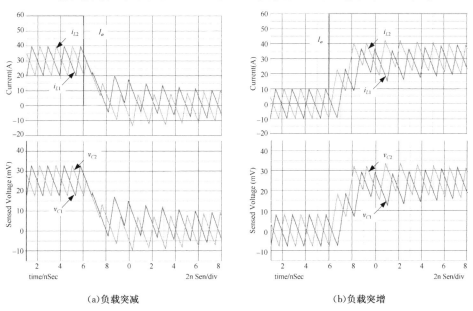

(a)负载突减　　　　　　　　　　　　　　　(b)负载突增

图 8.4.7　电流采样方法仿真结果

过采样电容两端的电压可很好地跟踪电感电流的变化。将本节提出的电流采样方法应用于如图 8.3.2 所示的带变压器的非隔离型开关电容变换器中,并将该变换器四相输出交错并联,完成了一台 1.2V/130A VRM 原理样机,硬件图如图 8.4.8 所示。图 8.4.9 给出了采样电容两端电压波形,可以看出电容电压的波形实时地反映着电感电流的变化趋势,实验结果很好地验证了集成变压器电流采样方法的正确性。

图 8.4.8　VRM 硬件图片

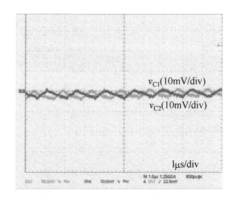

图 8.4.9　采样电容两端电压波形

图 8.4.10 给出了 VRM 稳态时输出电压与输出电流的关系,最上面和最下面的曲线包围的范围是可接受的区间,中间的曲线为实验测得的曲线,说明变换器在稳态时可以很好地实现 AVP。图 8.4.11 给出了变换器负载突变时的波形,电流变化率为 2A/ns。实验波形表明变换器在动态时很好地实现了 AVP,且具有好的动态响应特性。图 8.4.12 给出了采用自耦变压器驱动方法的磁集成非隔离 ZVS 全桥变换器、采用传统驱动方法的磁集成非隔离 ZVS 全桥变换器以及传统 VRM 采用的 6 相 Buck 变换器的效率对比曲线图,可以看出磁集成自驱动非隔离 ZVS 全桥变换器在满载时效率比传统的 Buck 变换器高出了 1.5%,并且采用自耦变压器自驱动方法的变换器效率明显由于采用传统驱动方法的变换器。

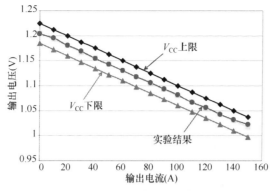

图 8.4.10　稳态输出电压与电流

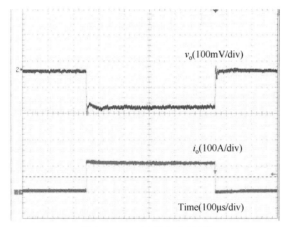

图 8.4.11　负载突变波形

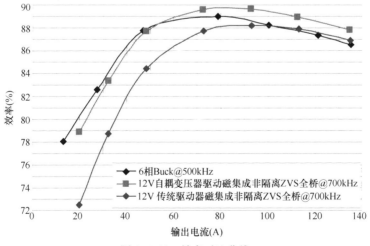

图 8.4.12　效率对比曲线

8.5 本章小结

本章介绍了直流母线数据中心供电系统中 CPU 供电电源——电压调节模块的设计要求、研究现状,在之前研究的基础上提出了一种磁集成自驱动非隔离 ZVS 全桥 DC/DC 变换器拓扑作为电压调节模块。该拓扑具有以下优点:①功率管的零电压开关;②采用自驱动技术,消除了 SR 驱动电路,降低了成本,同时不需要调节 SR 驱动的死区时间,减小了 SR 体二极管导通损耗;③增大占空比,减小了主开关管关断损耗和 SR 体二极管的反向恢复损耗;④采用磁集成的技术,利用变压器的励磁电感作为输出滤波电感,提高了变换器的功率密度。

第9章 负载点变换器

9.1 引 言

数据中心中有大量的硬盘、内存等终端负载设备,随着数据中心信息处理量的加大,这些负载设备的功率需求越来越大。为了减少功率损耗,负载设备的供电电压越来越低,因此对其输入电源的基本要求是低压大电流。在本书所提出的数据中心双直流母线供电系统中,这些负载设备由 12V 低压直流母线供电,因此需要变换器将 12V 直流电压变换为负载所需的电压,该变换器通常称之为负载点变换器(Point of Load,POL),如图 9.1.1 所示。

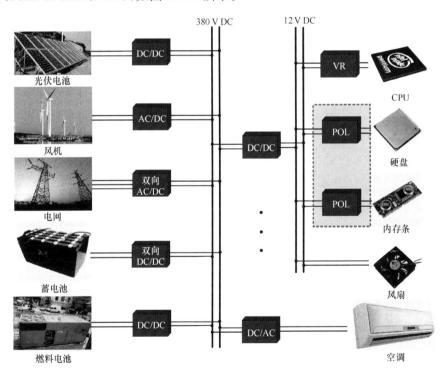

图 9.1.1 数据中心双直流母线供电系统结构图

在传统的分布式电源架构(DPA)中,每一路输出电压都由一个隔离型模块产生。在电信应用中,48V 输入电压通过隔离变换器降压至几个不同的输出电压,通过板卡或分系统为需要电源的分电路分别供电。通常这会造成 PCB 中循环流过很大的电流,引起较大的电压降,增加了功率损耗,并且输出电压的调节性能差[65]。

中间总线结构(IBA)如图 9.1.2 所示,它由两级构成,首先通过隔离 DC/DC 变换器,将 48V 变换成中间总线电压(3.3V、5V 或 12V),然后通过第二级非隔离 DC/DC 模块(负载点变换器 POL),将电能送至负载。该结构电源成本低,克服了高峰值电流、低噪声裕量对高性能半导体器件的挑战,同时也大大减小电压降落引起的损耗,有助于解决 EMC 问题,保证在动态负载下的紧密调节。本书所提出的双直流母线供电系统也是一个中间母线架构,将 380V 直流电压先变换成 12V 中间总线电压。中间总线架构的发展十分迅速,使得负载点变换器成为增长最快的 DC/DC 变换器之一。POL 为各种 DSP、FPGA、ASIC 及微处理器提供更多电压。此外,随着 CPU 等超大规模集成电路的集成度不断提高,它所要求的工作电压日趋降低,而需要的供电电流日趋上升,同时要求具有更高的动态性能。

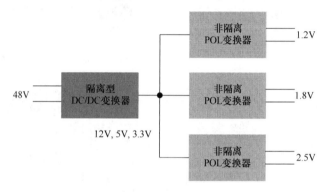

图 9.1.2　中间母线架构

9.2　POL 变换器研究现状

9.2.1　Buck 变换器及其相关技术

负载点变换器最常用的拓扑是如图 9.2.1 所示的 Buck 变换器,其输入输出电压关系为:$V_o = DV_{in}$。其中 V_o 为输出电压,V_{in} 为输入电压。变换器输入电压为 12V,输出电压一般为 1.0~3.3V,那么变换器的占空比为 0.083~0.275,占空比过小会引发一系列的问题,如图 9.2.2 所示,传输相同的功率时,占空比越小,开关管关断电流和电流有效值越大、二极管反向恢复问题越严重、输出电流纹波越大。此外,由于输出侧电感限制了电流变化率,这使得变换器在负载突增或者突减时不能及时提供所需电流或者抽走不需要的电流,使得输出电压会

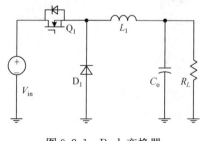

图 9.2.1　Buck 变换器

有较大的跌落或者突起,这可能会影响负载设备的使用。

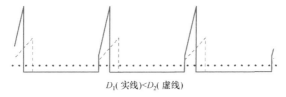

D_1(实线)<D_2(虚线)

图 9.2.2　不同占空比下的开关管电流波形

为了减少二极管的导通损耗以提高变换器的效率,同步整流技术被提出。如图 9.2.3 所示,用导通电阻小的开关管代替续流二极管,由于开关管的导通电阻比较小,在低压大电流的场合导通损耗较小,因此同步整流 Buck 变换器被广泛采用。但仍存在占空比过小以及动态响应不够快的问题。

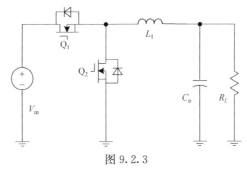

图 9.2.3

如图 9.2.4 所示的多相交错并联同步整流 Buck 变换器可以改善变换器的动态特性以及占空比过小的问题。它的基本原理是:通过 n 个通道的同样的 Buck 变换器共用输入输出实现输出并联,每个通道主开关管错开$(360/n) \times k$ 个相角进行控制。通过多个通道的输出电流叠加使得输出电流纹波减小,在相同的电流纹波要求下,电感可以设计在较小的值,并且可以动态选择通道的数量,因此变换器的动态特性得到了很好的改善[66]。

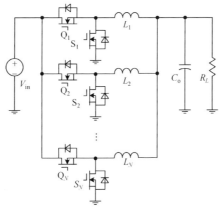

图 9.2.4　多通道交错并联 Buck 变换器

采用耦合电感技术,将多通道交错并联 Buck 变换器的电感进行耦合,使得变换器在稳态和动态时的等效电感值不同,这样既保证了变换器在稳态时较高的效率,又使其具有良好的动态特性。

9.2.2 两级式 POL 变换器

POL 变换器输入输出电压大小相差悬殊,两级式结构的变换器可以解决 Buck 变换器占空比过小带来的问题。先通过前级变换器将 12V 直流电压变换为一个较小的电压值(5～6V),再将其转换为负载设备所需要的电压。由于前后级是串联的结构,因此必须保证两级变换器均具有较高的效率。图 9.2.5 所示的 Switching-Capacitor Voltage Divider 被提出作为两级式结构的前级变换器,它不需要进行调压,变换器容易实现效率优化设计,同时没有磁性元件,可以实现高功率密度。如果优化设计,前级功率密度可达到 $2000\text{W}/\text{in}^3$,效率高达 97%。轻载时通过降低开关频率,效率可高达 99%。后级变换器可采用 Buck 变换器等降压型拓扑,开关频率为 600kHz 时,效率高达 91%,而且可以通过自适应导通时间的控制方法或者非线性电感进一步提高变换器的效率。

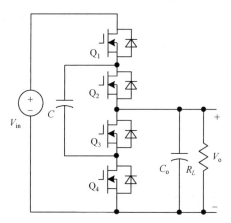

图 9.2.5　Switching-capacitor voltage divider

在功率不大的 POL 应用场合(电流 10A 左右),可以采用图 9.2.6 所示的并联的两级式变换器——Sigma 变换器。由于 V_{in2} 与输出电压不共地,因此采用反向 Buck-Boost 变换器作为调压变换器,而前级输出电压 V_{in1} 所接的非调压变换器需要传输比负载电流更大的电流,这是由于反向 Buck-Boost 变换器电流方向与负载电流方向相反。因此该拓扑只适合用在功率较低的 POL 变换器场合。

在功率较大的 POL 应用场合,可以采用如图 9.2.7 所示的 Sigma 变换器,它由不调压的 DC/DC 变换器(DCX)与 Buck 变换器组成。变换器输入串联、输出并联,因此称之为准并联变换器。DCX 由于不需要进行调压,可以进行效率优化设

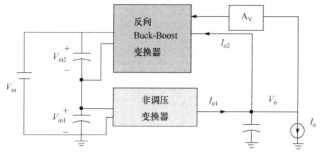

图 9.2.6　Sigma 变换器 1

计。而 Buck 变换器由于输入电压较低,效率也可以得到优化。因此变换器效率可高达 90%,比传统的 Buck 变换器高了 4%～5%[67]。

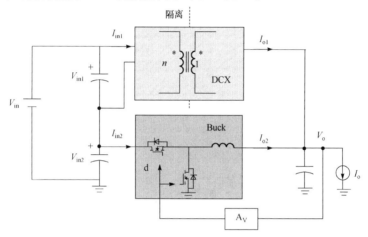

图 9.2.7　Sigma 变换器 2

9.3　开关电容调节器

第 8 章介绍了自驱动 ZVS 非隔离全桥 DC/DC 变换器。它与传统两相 Buck 变换器相比,具有以下优点:①功率管的零电压开关;②消除了同步整流管驱动器,减小驱动损耗;③不需要调节死区时间,减小了 SR 的体二极管导通损耗;④增大占空比,减小了主开关管关断损耗和体二极管的反向恢复损耗。然而,该变换器必须两相工作,轻载时环流损耗大;而且结构相对复杂,灵活性较差。

为了解决以上缺点,将原变换器拆分成可以独立工作的两个单相开关电容调节器,该变换器一个模态工作在开关电容模态,另一个模态工作在调压模态,在保留了开关电容变换器动态响应快的优点的同时,可以通过调节占空比调节输出电压。

原变换器上下两相的输入和输出均是解耦的,只有变压器原边耦合在一起,C 点电位是随开关管开关而变化的。要实现两相的解耦,就必须确保 C 点电位不随开关管开关而变化。

固定 C 点电位有两种方法：一是保持控制信号时序不变,改变变压器的同名端;二是保持变压器同名端不变,改变开关管的控制时序,使 S_1 和 Q_2 同时开通和关断,S_2 和 Q_3 同时开通和关断。

当 C 点电位固定后,则可以在 C 点并联电容从而解耦,将变换器一分为二,形成两个可以独立工作的单相变换器,如图 9.3.1 所示。

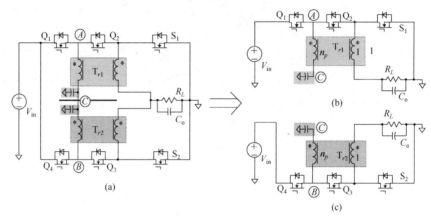

图 9.3.1 变换器的推导

9.3.1 正激式开关电容调节器

1. 基本工作原理

改变变压器同名端解耦后的变换器主电路、主要波形和模态等效电路如图 9.3.2 所示。对于图 9.3.2(a)所示的电路,在 $[t_0,t_1]$ 时间段,开关管 Q_1、S_1 导通,输出电压 V_o 与变压器副边并联,通过变压器折算到原边,与隔直电容 C_b 串联,再与输入电压源 V_{in} 并联。等效电路如图 9.3.2(c)所示。此时电路可以看作一个开关电容变换器,工作在开关电容模态,具有良好的动态特性。在 $[t_1,t_2]$ 时间段,开关管 Q_1、S_1 关断,Q_2 导通。等效电路如图 9.3.2(d)所示。变压器得到复位,输出电压可以由 Q_2 的占空比进行调节。此时电路可以看作一个调节器,工作在调压模态。

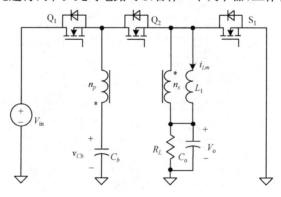

(a) 主电路

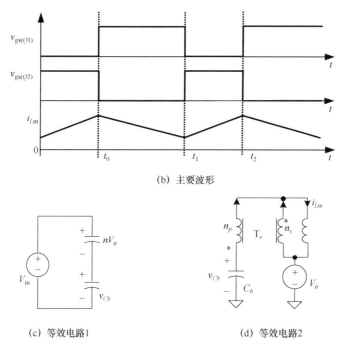

(b) 主要波形

(c) 等效电路1　　　　　　　　　(d) 等效电路2

图 9.3.2　正激式开关电容调节器

由以上的分析可知,通过解耦得到的单相变换器在一个周期内有两个模态,分别是开关电容模态和调压模态。它们是开关电容变换器与 PWM 调节器的结合,因此称为开关电容调节器。由以上分析可见,该电路的能量传递方式与正激变换器类似,称为正激式开关电容调节器。

与全桥变换器相比,开关电容调节器是单相的,结构更加灵活。根据不同的应用场合,可以通过并联的方式实现最优化的相数,且每一相都是独立的。为了在不同负载范围内达到高效率,可以采用脱相控制的方法,使变换器根据不同的负载情况高效工作。此外,可以引入非线性控制方法提高变换器的动态性能。

在实际电路中,变压器的引入意味着引入了漏感。当漏感很小可以忽略时,变换器的工作原理如上节所述。当变压器漏感不可忽略时,可以利用漏感,使开关管实现 ZVS 开通。带有漏感的开关电容调节器的主电路和主要波形如图 9.3.3 所示。在分析前,做如下假设:①所有开关管和二极管均为理想器件;②所有电感、电容和变压器均为理想元件;③输出电容足够大,可近似认为是电压源。

变换器每个开关周期有 6 种开关模态,各个开关模态的等效电路如图 9.3.4 所示。电路的工作原理如下所述。

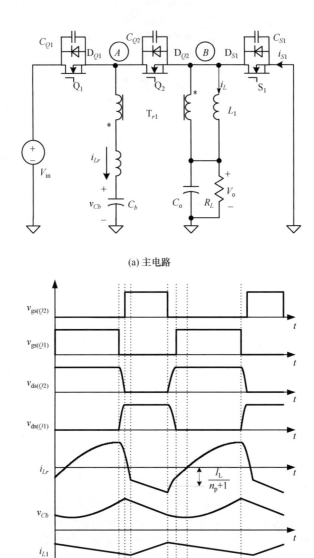

(a) 主电路

(b) 主要波形

图 9.3.3 带有漏感的正激式开关电容调节器

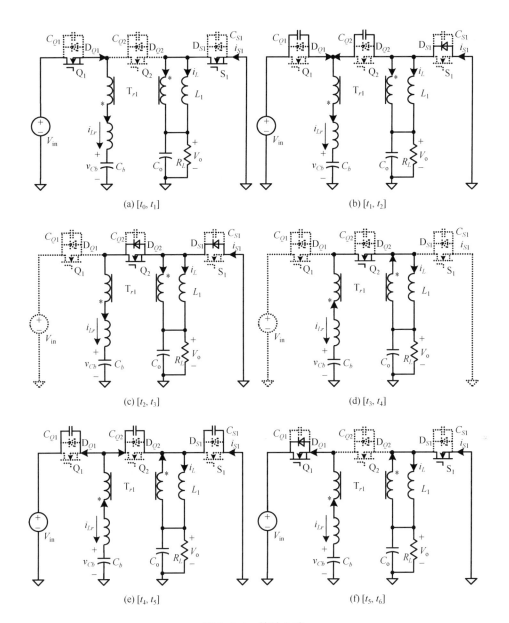

(a) [t_0, t_1]　　　　　　　　　　　　　　　(b) [t_1, t_2]

(c) [t_2, t_3]　　　　　　　　　　　　　　　(d) [t_3, t_4]

(e) [t_4, t_5]　　　　　　　　　　　　　　　(f) [t_5, t_6]

图 9.3.4　等效电路

1) 开关模态 1 [t_0, t_1] (图 9.3.4(a))

开关管 Q_1、S_1 导通,变压器漏感 L_r 与隔直电容 C_b 串联谐振,输入电能一部分存储在 C_b 中,其余部分对负载供电。励磁电感 L_1 上电流 i_{L1} 线性下降。

$$i_{Lr}(t) = I_{Lr}(t_0)\cos\omega_{r1}(t-t_0) + \frac{V_{in} - nV_o - V_{Cb}(t_0)}{Z_{r1}}\sin\omega_{r1}(t-t_0)$$

$$(9.3.1)$$

$$v_{C_b}(t) = V_{C_b}(t_0) + Z_{r1}I_{Lr}(t_0)\sin\omega_{r1}(t-t_0)$$
$$+ [V_{in} - nV_o - V_{C_b}(t_0)][1 - \cos\omega_{r1}(t-t_0)]$$

$$(9.3.2)$$

式中，$\omega_{r1} = 1/\sqrt{L_rC_b}$，$Z_{r1} = \sqrt{L_r/C_b}$，$I_{Lr}(t_0)$ 和 $V_{C_b}(t_0)$ 分别是 t_0 时刻流经 L_r 的电流和 C_b 两端电压。

在 t_1 时刻，开关管 Q_1 和 S_1 关断，Q_1 的关断电流取决于 L_r-C_b 谐振网络。对于一个给定的变压器，L_r 是确定的，那么可以通过选取适当的 C_b 合理设计谐振网络以达到 Q_1 的 ZCS。因此，变压器漏感 L_r 对效率影响不大，这是该变换器的一个显著优点。从而可以使用价格便宜且易于安装的分立式变压器，使得变换器适用于 VRM、VRD 等多种应用场合。

2）开关模态 2 $[t_1,t_2]$（图 9.3.4(b)）

在 t_1 时刻，开关管 Q_1 和 S_1 关断，i_{S1} 流经 S_1 的体二极管 D_{S1}，i_{L1} 继续线性下降。i_L 给 C_{Q1} 充电，同时给 C_{Q2} 放电。

$$i_{Lr}(t) = I_{Lr}(t_1)\cos\omega_{r2}(t-t_1) + \frac{V_{in} - nV_o - V_{C_b}(t_1)}{Z_{r2}}\sin\omega_{r2}(t-t_1)$$

$$(9.3.3)$$

$$v_{Q1}(t) = (V_{in} - nV_o)[1 - \cos\omega_{r2}(t-t_1)] \qquad (9.3.4)$$

$$v_{Q2}(t) = V_{in} - nV_o[1 - \cos\omega_{r2}(t-t_1)] \qquad (9.3.5)$$

式中，$\omega_{r2} = 1/\sqrt{L_r(C_{Q1} + C_{Q2})}$，$Z_{r2} = \sqrt{L_r/(C_{Q1} + C_{Q2})}$。直至 v_{CQ1} 充电至 V_{in}，v_{CQ2} 放电至 0，模态 2 结束。

3）开关模态 3 $[t_2,t_3]$（图 9.3.4(c)）

在 t_2 时刻，$v_{ds(Q2)}$ 降低到 0，此时给 Q_2 触发信号，使 Q_2 实现 ZVS 开通。D_{S1} 继续导通，L_r 和 C_b 谐振，i_{Lr} 迅速谐振到 0。

$$i_{Lr}(t) = I_{Lr}(t_2)\cos\omega_{r1}(t-t_2) + \frac{-nV_o - V_{C_b}(t_2)}{Z_{r1}}\sin\omega_{r1}(t-t_2) \quad (9.3.6)$$

$$v_{C_b}(t) = V_{C_b}(t_2) + Z_{r1}I_{Lr}(t_2)\sin\omega_{r1}(t-t_2)$$
$$+ [-nV_o - V_{C_b}(t_0)][1 - \cos\omega_{r1}(t-t_2)] \qquad (9.3.7)$$

直到 D_{S1} 自然关断，模态 3 结束。

4）开关模态 4 $[t_3,t_4]$（图 9.3.4(d)）

在 t_3 时刻，D_{S1} 关断，储存在 C_b 中的能量给负载放电。i_{L1} 线性上升。变压器在该模态得到复位。

$$i_{Lr}(t) = I_{Lr}(t_3)\cos\omega_{r3}(t-t_3) + \frac{V_{C_b}(t_3) - V_o}{Z_{r3}}\sin\omega_{r3}(t-t_3) \quad (9.3.8)$$

$$v_{C_b}(t) = V_{C_b}(t_3) + Z_{r3}I_{Lr}(t_3)\sin\omega_{r3}(t-t_3)$$
$$+ [V_{C_b}(t_3) - V_o][1 - \cos\omega_{r3}(t-t_3)] \qquad (9.3.9)$$

式中，$L_{eq} = L_r + (n^2 + 1)L_1$，$\omega_{r3} = 1/\sqrt{L_{eq}C_b}$，$Z_{r3} = \sqrt{L_{eq}/C_b}$。

5) 开关模态 5 $[t_4, t_5]$（图 9.3.4(e)）

在 t_4 时刻，Q_2 关断，i_L 给 C_{Q2} 充电，给 C_{Q1} 放电。直至充放电过程结束。

6) 开关模态 6 $[t_5, t_6]$（图 9.3.4(f)）

在 t_5 时刻，$v_{ds(Q1)}$ 降低到 0，此时给 Q_1 触发信号，使 Q_1 实现 ZVS 开通。L_r 和 C_b 谐振。t_6 时刻，一个开关周期结束。

由以上对工作原理的分析，可以推导出变换器的电压传输比

$$\frac{V_o}{V_{in}} = \frac{D}{n+1} \tag{9.3.10}$$

式中，D 是开关管 Q_2 的占空比。

2. 自耦变压器自驱动方法

自驱动变换器的主要优点是驱动电路简单，SR 体二极管导通损耗减小，部分驱动能量可以循环利用，从而降低成本，提高效率。因此，正激式开关电容调节器采用自驱动的方法为 SR 提供驱动电压。

从图 9.3.5 所示的损耗分析可以看出，SR 的驱动损耗较大。SR 的驱动损耗计算公式如下：

$$P_{drive\_loss} = Q_g \times V_{drive} \times f_s \tag{9.3.11}$$

Q_g 与 V_{drive} 成正比，f_s 是开关频率。对于不同的器件，最优的驱动电压也不同。图 9.3.3 中，$V_{drive} = V_{in} = 12V$。SR 采用 IRF6716，图 9.3.5 列出了不同驱动电压下 SR 的损耗对比。驱动电压的减小虽然可以减小驱动损耗，但是导通损耗却随之增加。从图 9.3.5 看出，8V 是最优的驱动电压。因此得到与 SR 所需驱动电压时序相同、幅值最优的驱动信号是减小驱动损耗的关键。

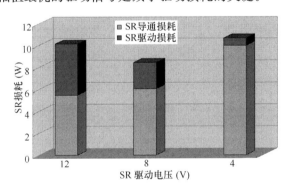

图 9.3.5　不同驱动电压对应 SR 损耗对比

正激式开关电容调节器采用自耦变压器自驱动法得到最优的驱动电压，如图 9.3.6(a) 所示。自耦变压器产生电压 v_T，波形如图 9.3.6(b) 所示，可以看出 v_T 波形与 $v_{gs(Q1)}$ 一致，电压跨度为 $n_d/(n_p+1)$，n_d 是自耦变压器匝数，最优驱动电压可以通过改变 n_d 来调节。但是，v_T 中存在直流分量，不能直接驱动 SR，而要通过一个电平转移电路去除部分直流分量。图 9.3.6(c) 给出了电平转移电路的结构，

下面将讨论其参数的设计方法。

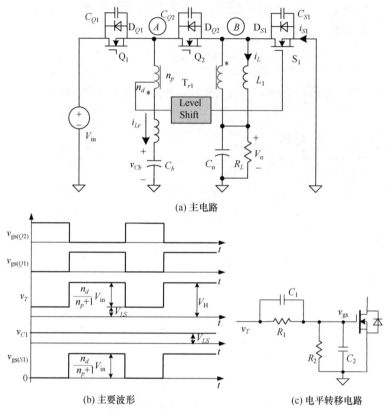

(a) 主电路

(b) 主要波形

(c) 电平转移电路

图 9.3.6 SR 自驱动电路

原理样机规格：$V_{in}=11\sim12.6V,V_o=0.8375\sim1.6V,I_o=35A$。

v_T 中包含有直流分量 $v_{T(DC)}$ 和交流分量 $v_{T(AC)}$，且 $v_{T(DC)}=V_{Cb}$，如图 9.3.7(a)所示。电平转移电路功能就是使 v_T 的所有交流分量通过，而只通过一部分直流分量，使得 SR 关断时，$v_{gs(S1)}$ 可以降低到 0，确保 SR 有效关断。

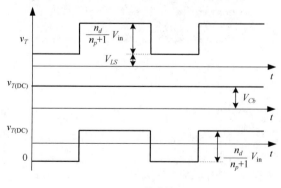

(a) v_T 的分量

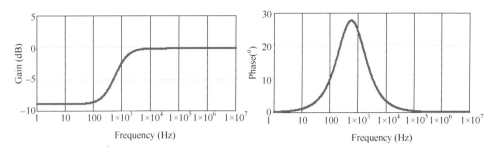

(b) 波特图

图 9.3.7　电平转移电路设计

由电平转移电路,可以得到

$$\frac{v_{gs}}{v_T} = \frac{R_2(1+sC_1R_1)}{R_2(1+sC_1R_1)+R_1(1+sC_2R_2)} \tag{9.3.12}$$

$$\frac{v_{C1}}{v_T} = \frac{R_1(1+sC_2R_2)}{R_2(1+sC_1R_1)+R_1(1+sC_2R_2)} \tag{9.3.13}$$

对于直流分量,$s=0$,由式(9.3.13)可得

$$\left.\frac{v_{gs}}{v_T}\right|_{s=0} = \frac{R_2}{R_2+R_1} = \frac{v_{LS}}{V_{Cb}} \tag{9.3.14}$$

根据输入电压和输出电压取值范围,为了确保 SR 有效关断,$\left.\dfrac{v_{gs}}{v_T}\right|_{s=0}$ 取值应为

0.63,即 $\dfrac{R_2}{R_2+R_1}=0.63$。选取 $R_1=59\Omega$,$R_2=91\Omega$。

对于开关频率的交流分量,$s=\mathrm{j}2\pi f_s$,且有 $|sC_1R_1|\gg 1$,$|sC_2R_2|\gg 1$。由式(9.3.12)可得

$$\left.\frac{v_{gs}}{v_T}\right|_{s=\mathrm{j}2\pi f_s} = \frac{C_1}{C_2+C_1} \tag{9.3.15}$$

所有开关频率的交流分量均通过电平转移电路,即 $\left.\dfrac{v_{gs}}{v_T}\right|_{s=\mathrm{j}2\pi f_s} = \dfrac{C_1}{C_2+C_1} = 1$,因此有 $C_1 \gg C_2$。C_2 是 SR 的输入电容。SR 为两个 IRF6716 并联,由 datasheet 可知,$C_2=12\mathrm{nF}$,选取 $C_1=0.5\mu\mathrm{F}$。

运用以上参数,绘制出电平转移电路的波特图,如图 9.3.7(b)所示。由波特图可以看出,部分直流分量通过了电平转移电路,而开关频率的交流分量则全部通过电平转移电路,且没有相位差,这说明了参数设计是正确的。

3. 实验结果

为了验证理论分析的正确性,在实验室搭建了一台四相 700kHz 1.2V/130A 输出 VRM 原理样机。每相所使用的器件如下:Q_1:RJK0302;Q_2:RJK0304;同步

整流管 S_1：2^* IRF6716；原边隔直电容 C_b：4^* 1μF MLCC/TDK；驱动芯片：ISL6596；控制芯片：PX3538。

实验波形如图 9.3.8 所示。图 9.3.8(a) 给出了 $v_{gs(Q1)}$、$v_{gs(Q2)}$ 和 $v_{gs(S1)}$ 的波形。可以看出 $v_{gs(S1)}$ 大约为 8V，并且相位同 $v_{gs(Q1)}$ 保持一致，证明了自耦变压器自驱动方法的可行性。图 9.3.8(b) 给出了 $v_{gs(Q1)}$、$v_{gs(Q2)}$、隔直电容电压 v_{Cb} 以及变压器原边电流 i_{Lr} 的波形。可以看出 Q_1 的关断电流近似为 0，实现了 ZCS，实验验证了理论分析的正确性。

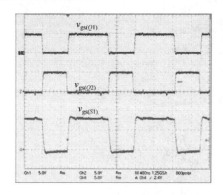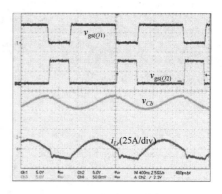

(a)$v_{gs(Q1)}$，$v_{gs(Q2)}$ 以及 $v_{gs(S1)}$ 的波形　　　　(b) $v_{gs(Q1)}$，$v_{gs(Q2)}$，v_{Cb} 以及 i_{Lr} 的波形

图 9.3.8　实验波形

图 9.3.9 给出了六相 Buck、12V 自驱动以及运用脱相控制的四相变换器的效率对比曲线。可以看出在满载时，运用脱相控制的正激式开关电容调节器与 12V 自驱动变换器效率基本一致。轻载时，开关电容 PWM 变换器可以单相工作从而提高效率。因此，新的电路拓扑更加灵活，并且可以在整个负载范围内实现更高的效率，使其在 POL 和 VR 场合具有良好的应用前景。

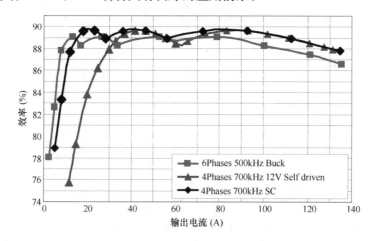

图 9.3.9　效率曲线

9.3.2 反激式开关电容调节器

1. 基本工作原理

改变如图 9.3.1 所示的自驱动 ZVS 非隔离全桥 DC/DC 变换器开关管控制时序解耦后的变换器主电路、主要波形和模态等效电路如图 9.3.10 所示。具体推导过程如下：①使 C 点电位值恒定；②在 C 点并联电容；③将变换器从中间一分为二，生成两个对称的单相变换器。

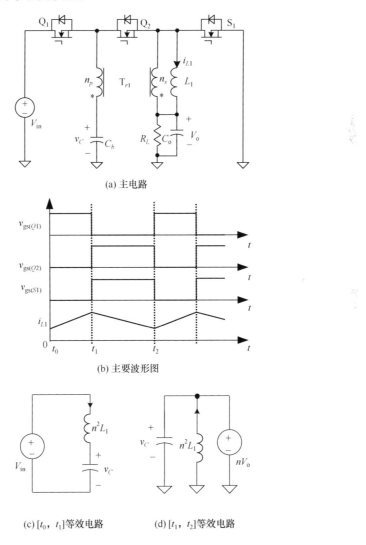

(a) 主电路

(b) 主要波形图

(c) [t_0, t_1]等效电路   (d) [t_1, t_2]等效电路

图 9.3.10　反激式开关电容 PWM 直流变换器

可以通过改变开关管的控制时序，使 S_1 和 Q_2 同时开通和关断，S_2 和 Q_3 同时开通和关断。这样 C 点的电位不随开关动作而变化，如图 9.3.11 所示。在 C 点

并联电容将上下两相进行解耦,如图 9.3.1 所示,从而得到对于图 9.3.10(a)所示的电路,在$[t_0,t_1]$时间段,开关管 Q_1 导通,输入电压与变压器原边、隔直电容 C_b 串联。等效电路如图 9.3.10(c)所示。输出电压可以由 Q_1 的占空比进行调节。此时电路可以看作一个调节器,工作在调压模式。在$[t_1,t_2]$时间段,开关管 Q_1 关断,开关管 Q_2、S_1 导通。L_1 与输出 V_o 并联,C_b 与变压器原边(nV_o,n 为变压器原副边匝比)并联,等效电路如图 9.3.10(d)所示。变压器得到复位。此时电路可以看作一个开关电容变换器,工作在开关电容模式,具有良好的动态特性。

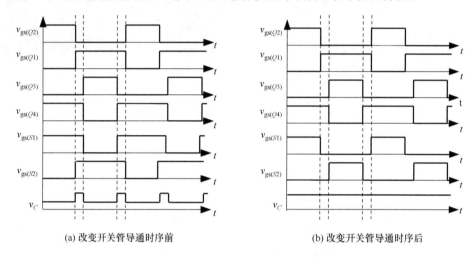

(a) 改变开关管导通时序前　　　　　　　　(b) 改变开关管导通时序后

图 9.3.11　开关管导通时序及主要波形

由以上的分析可知,该变换器与正激式开关电容调节器相似,一个周期内有两个模式,分别是开关电容模式和调压模式。它们是开关电容变换器与 PWM 调节器的结合,因此也称之为开关电容调节器。而该电路的能量传递方式与反激变换器类似,称之为反激式开关电容调节器。

在实际电路中,变压器的引入意味着引入了漏感。当漏感很小可以忽略时,变换器的工作原理如上节所述。当变压器漏感不可忽略时,漏感与开关管的结电容谐振,可以实现开关管的 ZVS。下面将详细讨论带有漏感的反激式开关电容 PWM 直流变换器的工作原理。其主电路和主要波形如图 9.3.12 所示。在分析前,做如下假设:①所有开关管和二极管均为理想器件;②所有电感、电容和变压器均为理想元件;③输出电容足够大,可近似认为是电压源。

变换器每个开关周期有 6 种开关模式,各个开关模式的等效电路如图 9.3.13 所示。电路的工作原理如下所述。

1) 开关模式 1 $[t_0,t_1]$(图 9.3.13(a))

开关管 Q_1 导通,变压器励磁电感 L_1 处于充电状态,流经 L_1 的电流 i_{L1} 线性上升。输入电能一部分存储在 C_b 中,其余部分储存在 L_1 中,输出能量由输出滤波电

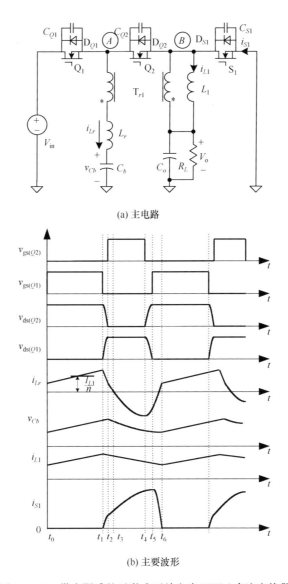

(a) 主电路

(b) 主要波形

图 9.3.12 带有漏感的反激式开关电容 PWM 直流变换器

容 C_o 提供。

$$i_{Lr}(t) = I_{Lr}(t_0)\cos\omega_{r1}(t - t_0) + \frac{V_{in} - V_{Cb}(t_0)}{Z_{r1}}\sin\omega_{r1}(t - t_0) \quad (9.3.16)$$

$$v_{Cb}(t) = V_{in} - [V_{in} - V_{Cb}(t_0)] \cdot \cos\omega_{r1}(t - t_0)$$
$$+ Z_{r1}I_{Lr}(t_0)\sin\omega_{r1}(t - t_0) \quad (9.3.17)$$

式中，$\omega_{r1} = 1/\sqrt{L_{eq}C_b}$，$Z_{r1} = \sqrt{L_{eq}/C_b}$，$L_{eq} = L_r + n^2 L_1$，$I_{Lr}(t_0)$ 和 $V_{Cb}(t_0)$ 分别是 t_0 时刻流经 L_r 的电流和 C_b 两端电压。

2) 开关模态 2 $[t_1, t_2]$ (图 9.3.13(b))

在 t_1 时刻,开关管 Q_1 关断, i_{Lr} 给 C_{Q1} 充电,给 C_{Q2} 放电。近似认为该模态 C_b 两端电压基本保持不变。

$$i_{Lr}(t) = I_{Lr}(t_1)\cos\omega_{r2}(t - t_1) + \frac{V_{in} + nV_o - V_{Cb}(t_1)}{Z_{r2}}\sin\omega_{r2}(t - t_1)$$

$$(9.3.18)$$

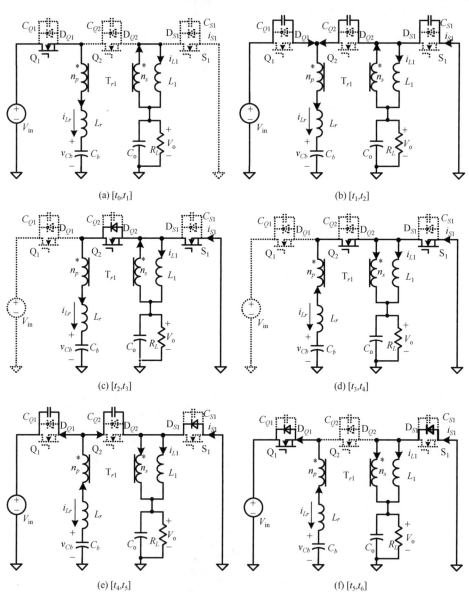

(a) $[t_0, t_1]$ (b) $[t_1, t_2]$

(c) $[t_2, t_3]$ (d) $[t_3, t_4]$

(e) $[t_4, t_5]$ (f) $[t_5, t_6]$

图 9.3.13　等效电路

式中，$\omega_{r2} = 1/\sqrt{L_r(C_{Q1} + C_{Q2})}$，$Z_{r2} = \sqrt{L_r/(C_{Q1} + C_{Q2})}$。直至充放电过程结束，模态 2 结束。

3）开关模态 3 $[t_2, t_3]$（图 9.3.13(c)）

在 t_2 时刻，$v_{ds(Q2)}$ 降低到 0，此时给 Q_2 触发信号，使 Q_2 实现 ZVS 开通。同时同步整流管 S_1 导通。变压器漏感 L_r 与隔直电容 C_b 串联谐振，i_{Lr} 迅速谐振到 0，模态 3 结束。

$$i_{Lr}(t) = I_{Lr}(t_2)\cos\omega_{r3}(t - t_2) + \frac{nV_o - V_{Cb}(t_2)}{Z_{r3}}\sin\omega_{r3}(t - t_2) \quad (9.3.19)$$

$$v_{Cb}(t) = nV_o - [nV_o - V_{Cb}(t_2)] \cdot \cos\omega_{r3}(t - t_2) + Z_{r3}I_{Lr}(t_2)\sin\omega_{r3}(t - t_2)$$
$$(9.3.20)$$

式中，$\omega_{r3} = 1/\sqrt{L_r C_b}$，$Z_{r3} = \sqrt{L_r/C_b}$。

4）开关模态 4 $[t_3, t_4]$（图 9.3.13(d)）

在 t_3 时刻，i_{Lr} 谐振到 0 并反向，C_b 和 L_1 向负载释放电能。L_r 与 C_b 谐振。

$$i_{Lr}(t) = \frac{nV_o - V_{Cb}(t_3)}{Z_{r3}}\sin\omega_{r3}(t - t_3) \quad (9.3.21)$$

$$v_{Cb}(t) = nV_o - [nV_o - V_{Cb}(t_3)] \cdot \cos\omega_{r3}(t - t_3) \quad (9.3.22)$$

在 t_4 时刻，开关管 Q_2、S_1 关断，Q_2 的关断电流取决于 L_r-C_b 谐振网络。对于一个给定的变压器，L_r 是确定的，可以通过选择适当的 C_b 合理设计谐振网络使 Q_2 实现零电流关断。因此，变压器漏感对效率影响不大，这是该变换器的一个显著优点。不需要采用 PCB 绕组，从而可以使用价格便宜且易于安装的常规分立式变压器，使得变换器适用于多种应用场合。

5）开关模态 5 $[t_4, t_5]$（图 9.3.13(e)）

在 t_4 时刻，开关管 Q_2、S_1 关断，i_{S1} 流经 S_1 的体二极管 D_{S1}。i_{Lr} 给 C_{Q2} 充电，给 C_{Q1} 放电。

$$i_{Lr}(t) = I_{Lr}(t_4)\cos\omega_{r2}(t - t_4) + \frac{nV_o - V_{Cb}(t_4)}{Z_{r2}}\sin\omega_{r2}(t - t_4) \quad (9.3.23)$$

直至充放电过程结束，模态 5 结束。

6）开关模态 6 $[t_5, t_6]$（图 9.3.13(f)）

在 t_5 时刻，$v_{ds(Q1)}$ 降低到 0，此时给 Q_1 触发信号，使 Q_1 实现 ZVS 开通。L_r 和 C_b 谐振。

$$i_{Lr}(t) = I_{Lr}(t_5)\cos\omega_{r3}(t - t_5) + \frac{V_{in} + nV_o - V_{Cb}(t_5)}{Z_{r3}}\sin\omega_{r3}(t - t_5)$$
$$(9.3.24)$$

$$v_{Cb}(t) = V_{in} + nV_o - [V_{in} + nV_o - V_{Cb}(t_5)] \cdot \cos\omega_{r3}(t - t_5)$$
$$+ Z_{r3}I_{Lr}(t_5)\sin\omega_{r3}(t - t_5) \quad (9.3.25)$$

t_6 时刻，变压器副边电流增加至励磁电感电流，此时同步整流管体二极管关断,变压器原边电流开始线性上升,一个开关周期结束。

根据图 9.3.10 中一个周期内励磁电感的伏秒平衡可得

$$(V_{in} - V_c)DT_s = V_c(1-D)T_s \tag{9.3.26}$$

而电容电压满足以下关系式

$$V_c = nV_o \tag{9.3.27}$$

由以上两个式子可推导出变换器的电压传输比:

$$\frac{V_o}{V_{in}} = \frac{D}{n} \tag{9.3.28}$$

式中,D 是开关管 Q_1 的占空比。

2. 外加变压器绕组自驱动方法

从对正激式开关电容调节器自驱动方法的分析可知,自驱动的方法可以减少变换器的成本,提高其效率。而不同的驱动电压将对应不同的驱动损耗,得到与 SR 所需驱动电压时序相同、幅值最优的驱动信号是减小驱动损耗的关键。

为了得到最优的驱动电压幅值,对反激式开关电容调节器采用外加变压器绕组,用于产生 S_1 所需的驱动信号。通过改变匝比,可以改变 S_1 驱动电压的幅值。自驱动电路的主电路、主要波形以及变压器绕组示意图如图 9.3.14 所示。为了充分利用磁芯窗口面积,主功率绕组 AC、BD 和外加驱动绕组 FG 分别各自绕在左右两个磁芯柱上。但是这会降低驱动绕组和主功率绕组的耦合系数,造成较大的驱动绕组漏感,引起 SR 驱动波形震荡。因此,为了增加耦合系数,减小漏感,在左边磁芯柱上加入了另一个驱动绕组 AE,如图 9.3.14(c)所示。AE 的波形与功率原边绕组一样,而 AE 和 FG 绕组在同一磁芯柱上,因此可以增加耦合系数减小自驱动绕组的漏感。从图 9.3.14(b)给出的主要波形图可以看出,S_1 的驱动电压波形相位同 $v_{gs(Q2)}$ 一致,幅值为 $(n_d/n_p) \cdot V_{in}$,可以通过改变驱动绕组的副边匝数 n_d 来调节。

为了验证理论分析的正确性,在实验室搭建了一台单相 700kHz 1.2V/35A 输出 POL 原理样机。图 9.3.15 给出了原理样机的照片。具体参数如下:输入电压:$V_{in} = 10.04 \sim 12.6\text{V DC}$;输出电压:$V_o = 0.8 \sim 1.6\text{V DC}$;最大输出电流 $I_{omax} = 35\text{A}$;Q_1、Q_2:RJK0453;同步整流管 S_1:2* IRF6797;变压器原副边匝比:$n = 3$;原边隔直电容 C_b:4* $1\mu\text{F}$ MLCC/TDK;驱动芯片:ISL6620。

实验波形如图 9.3.16 所示。图 9.3.16(a)给出了 $v_{gs(Q1)}$,$v_{gs(Q2)}$ 和 $v_{gs(S1)}$ 的波形。可以看出 $v_{gs(S1)}$ 为 8V,并且相位同 $v_{gs(Q2)}$ 保持一致,证明了自驱动方法的可行性。图 9.3.16(b) 给出了变换器的动态负载波形。电流变化率为 2A/ns,$R_{droop} = 1.25\text{m}\Omega$。图 9.3.17 给出了变换器的效率曲线,可以看到变换器在整个负载范围内都具有较高的效率。

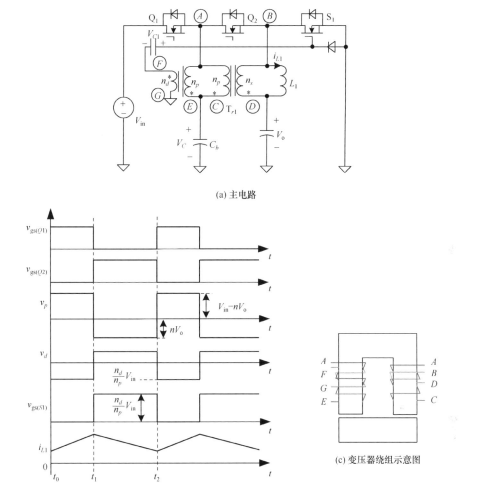

(a) 主电路

(b) 主要波形

(c) 变压器绕组示意图

图 9.3.14 SR 自驱动电路

图 9.3.15 单相 POL 硬件照片

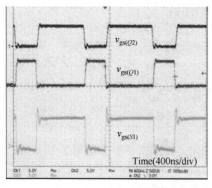
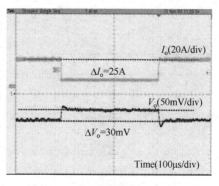

(a) $v_{gs(Q1)}$，$v_{gs(Q2)}$以及 $v_{gs(S1)}$的波形 　　　　(b) 动态波形

图 9.3.16　实验波形

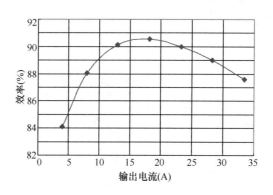

图 9.3.17　效率曲线

9.4　本章小结

本章介绍了直流母线数据中心供电系统中负载点变换器的应用、研究现状等，在之前研究的基础上提出了两种新的负载点变换器拓扑——正激式开关电容调节器以及反激式开关电容调节器。这两种拓扑具有以下优点：①开关管实现了零电压开关；②采用自耦变压器自驱动方法和外加变压器绕组的方法实现同步整流管的自驱动，减小了驱动损耗和体二极管导通损耗；③变压器漏感对效率的影响小，可以使用分立式变压器，节约成本且易于安装；④变换器是单相的，结构简单，应用灵活。对这两种拓扑进行了工作原理分析、参数设计，最后通过一台四相 700kHz 1.2V/130A 和一台单相 700kHz 1.2V/35A 的原理样机验证了理论分析的正确性。

第 10 章　一族开关电容调节器

10.1　引　言

目前很多用电设备,如 CPU、高速内存、LED 显示器等对其供电电源的动态性能的要求越来越高,因此对高动态特性、高效率和高功率密度直流电源的研究有很重要的理论意义和实际应用价值。传统的 PWM 直流变换器,例如 Buck、Boost 以及 Buck-Boost 变换器,可以通过调节占空比来调整输出电压,所以也称它们为调压变换器。然而电感作为传递能量的主要部件出现在每个开关模态中,电感电流不能突变的特性限制了变换器的能量传递速度。减小电感可以改善变换器的动态特性,但是会增加电感电流纹波,从而降低效率。

开关电容变换器主电路中没有电感,通过电容来传递能量,具有高动态特性和高功率密度的优点。但是开关电容变换器存在以下缺点:①开关瞬间存在高电流尖峰;②输出电压调节能力差。

为了结合传统的调压变换器和开关电容变换器的优点以及克服其各自的不足,将这两种变换器进行复合,提出了一族新的开关电容调节器。开关电容调节器使用电容作为传递能量的部件,而且其输出电压可通过改变开关管占空比进行调节,因此它同时具有开关电容变换器动态响应快以及调压变换器可调压的优点,在保证效率的前提下提高了动态特性。

表 10.1.1 列举了开关电容变换器与传统 PWM 直流变换器的优缺点,通过对比分析,可以发现这两种变换器的优缺点呈互补的关系,因此给本章提供了将两种变换器结合的思路。

表 10.1.1　传统 PWM 直流变换器与开关电容变换器的比较

开关电容变换器		传统 PWM 直流变换器	
优点	缺点	优点	缺点
结构简单	输出电压调节困难	成熟的调压技术	电感影响动态特性
功率密度高	电流脉冲大	电流脉动小	体积相对较大
动态响应快	效率低	效率高	结构相对复杂

10.2　开关电容基本单元和开关电感基本单元

10.2.1　开关电容变换器的工作原理

开关电容变换器是一种典型的无感变换器,电路中主要由开关管和电容器来实现电压变换和能量转换,由于电路中不包含电感和变压器这些磁性元件,可以大大缩小电源体积,减轻重量,并易于在芯片上集成[68,69]。

图 10.2.1 给出了一族基本的开关电容变换器。图 10.2.1(a)是实现同相功能的开关电容变换器,它由四只开关管和一只电容组成,其中 S_1 和 S_3、S_2 和 S_4 分别同时导通,且 S_1 和 S_2 互补导通。当 S_1 和 S_3 导通瞬间,由于 V_{in} 与电容电压 V_C 之间存在电压差,所以能量迅速地以脉冲的方式传递给 C,并使 $V_{in}=V_C$。当 S_2 和 S_4 导通瞬间,由于 V_C 与 V_o 之间存在电压差,所以能量迅速地以脉冲的方式传递给 V_o,并使 $V_C=V_o$。因此,在该开关电容变换器中,能量是通过脉冲的方式先由输入传给电容,然后再由电容以脉冲方式传递给负载,输入输出电压关系是固定的,不随开关管占空比变化而变化。在理想情况下,电路中没有寄生参数,脉冲电流将无穷大,并在瞬间完成能量传递。在实际电路中,由于开关管的导通电阻和电路中寄生参数的存在,限制了脉冲电流的大小,也延长了能量传递时间。该同相器目前被广泛应用于桥式电路和同步整流的驱动之中。图 10.2.1(b)给出了实现反相功能的开关电容变换器,其工作原理与图 10.2.1(a)的变换器类似,只是输出电压与输入电压反极性,即 $V_o=-V_{in}$。图 10.2.1(c)是半压变换器,输出电压是输入电压的一半。图 10.2.1(d)是倍压变换器,输出电压是输入电压的两倍。它们的输入输出电压关系均是固定的,输出电压不受占空比控制。但是,它们具有很好的动态特性,在开关瞬间能量即从输入传递给电容,在下一开关模态,能量由电容直接传到输出。这种变换器不含任何磁性元件,因此具有高功率密度的优点。

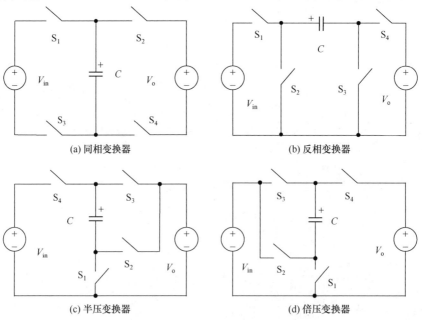

(a) 同相变换器   (b) 反相变换器

(c) 半压变换器   (d) 倍压变换器

图 10.2.1 基本的开关电容变换器

10.2.2 开关电容基本单元

图 10.2.1 中每个基本开关电容变换器都有两个开关模态,每个开关模态都有一个等效电路。等效电路由三个部分组成:输入 V_{in}、输出 V_o 以及电容 C。将各个等效电路进行归纳和总结,可以得到电容电压满足下列式子

$$V_C = K_1 V_{in} + K_2 V_o, \qquad K_1 = \begin{cases} 1 \\ 0 \\ -1 \end{cases}, \qquad K_2 = \begin{cases} 1 \\ 0 \\ -1 \end{cases} \qquad (10.2.1)$$

式中,K_1 和 K_2 为系数,根据不同电路结构,可以分别取 1,0 或 -1。

由式(10.2.1)可以推导出四个开关电容基本单元,如图 10.2.2 所示。

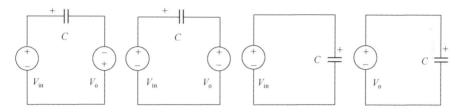

图 10.2.2　四个开关电容基本单元

10.2.3 开关电感基本单元

图 10.2.3 给出了基本的调压直流变换器,其输出电压可通过改变占空比进行调节,但是电感的存在降低了能量传递速率。对这些电路进一步分析,可以总结出与开关电容变换器类似的规律,即每个调压变换器都有两个开关模态,每个开关模态的等效电路由三部分组成:输入电压 V_{in}、输出 V_o 以及电感 L。将各个等效电路归纳总结,可以得到电感电压满足下列公式:

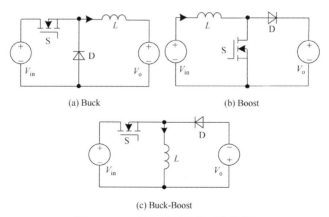

(a) Buck　　　　　　　　　(b) Boost

(c) Buck-Boost

图 10.2.3　基本的开关电感变换器

$$V_L = K_3 V_{in} + K_4 V_o, \qquad K_3 = \begin{cases} 1 \\ 0 \\ -1 \end{cases}, \qquad K_4 = \begin{cases} 1 \\ 0 \\ -1 \end{cases} \qquad (10.2.2)$$

式中,K_3 和 K_4 为系数,根据不同电路结构,可以分别取 1,0 或 -1。由于电感不能开路,所以 K_3 和 K_4 不能同时为零。

与开关电容基本单元类似,由式(10.2.2)可以推导出四个开关电感基本单元,如图 10.2.4 所示,因此,可将图 10.2.3 的变换器类似地称为开关电感变换器。

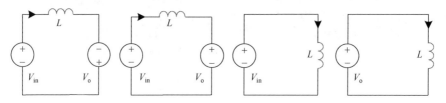

图 10.2.4 四个开关电感基本单元

10.3 一族开关电容调节器的推导

10.3.1 一族非隔离型开关电容调节器

在上节得到的开关电容和开关电感基本单元的基础上,可以将这两种单元复合,使复合得到的变换器其中一个模态工作在开关电容模态,能量可以迅速传递,而在另一个模态工作在开关电感模态,通过改变该模态占空比来调节输出电压(也称调压模态),从而得到结合二者优点的开关电容调节器。复合过程中应遵循以下原则:

(1) 电感伏秒平衡;

(2) 电容充放电平衡;

(3) 能量由输入传递到输出。

为了保证电感的伏秒平衡和电容的充放电平衡,不能直接将图 10.2.2 和图 10.2.4 所示的开关电容和开关电感基本单元复合。因为每个基本单元只有电感或电容工作,如果直接进行复合,电感和电容只在一个模态工作,不能保证电感的伏秒平衡和电容的充放电平衡。因此必须在各个开关电容单元中加入电感,但不能改变开关电容单元的基本特性,图 10.3.1 给出了开关电容基本单元加入电感的过程。同理,在各个开关电感单元中加入电容,但不能改变开关电感单元的基本特性。图 10.3.2 给出了开关电感基本单元加入电容的过程。

经过上述步骤,得到了包含电感的开关电容单元以及包含电容的开关电感单元。任取图 10.3.1 和图 10.3.2 中的各一个基本单元进行进一步复合,通过引入可控的开关器件,可以得到一族非隔离型开关电容调节器,如表 10.3.1 所示。

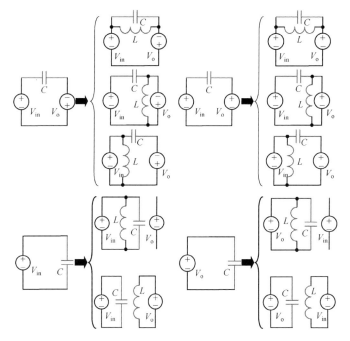

图 10.3.1 加入电感的开关电容基本单元

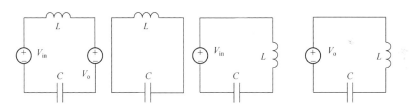

图 10.3.2 加入电容的开关电感基本单元

表 10.3.1 一族非隔离型开关电容调节器

SL Cells / SC Cells	I	II	III	IV	V
1	无				无

SC Cells \ SL Cells	I	II	III	IV	V
2					
3					
4			无		无
5					
6					
7					
8					

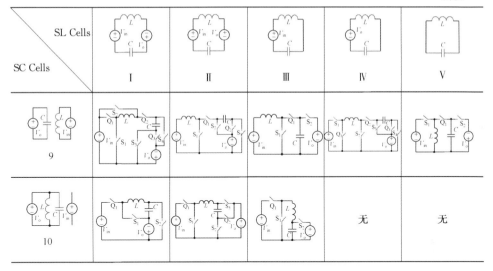

表中第一行列举出了 5 个加入电容的开关电感单元,分别用Ⅰ～Ⅴ进行编号;第一列列举出了 10 个加入电感的开关电容单元,分别用1～10 编号;而结合成的变换器将用"行编号-列编号"表示。下面以 1-Ⅱ变换器的推导为例,给出具体的复合步骤:

(1) 规定电感电流和电容电压的参考正方向。

(2) 在开关电容单元中确定电容电压方向,在开关电感单元中确定电感电流方向。

(3) 假设电感在开关电容模态中进行充电,即可确定在该模态中电感电流的方向。根据电感伏秒平衡以及电容充放电平衡的要求,确定调压模态中电容电压的方向,至此两个模态中电感与电容的充放电工作状态已经确定。

(4) 添加开关管以将第三步得到的两个模态结合为一个变换器,其中以 $S_i(i=1,2,\cdots)$ 命名的开关管同时导通,以 $Q_i(i=1,2,\cdots)$ 命名的开关管同时导通,如图 10.3.3 所示。开关管 S_i 导通时电路工作在开关电容模态,其等效电路即为表 10.3.1 中的编号为 1 的开关电容单元;开关管 Q_i 导通时则工作在调压模态,其等效电路即为表 10.3.1 中的编号为Ⅱ的开关电感单元。

在推导过程中也发现其中某些单元的组合由于违背了推导原则而不可以复合得到新的变换器拓扑。

在推导出的一族变换器中,有的电路过于复杂,不具有实用性。因此只考虑三个开关器件的变换器。一族变换器中共有 10 个三个开关器件变换器,其中变换器 5-Ⅳ、10-Ⅲ工作状态与 Buck 变换器相同,变换器 4-Ⅳ、9-Ⅲ工作状态与 Boost 变换器相同,变换器 5-Ⅴ、9-Ⅴ工作状态与 Buck-Boost 变换器相同,另外 6 个变换器及输入输出电压关系如图 10.3.4 所示,其中 D 为开关管 S_i 的占空比。

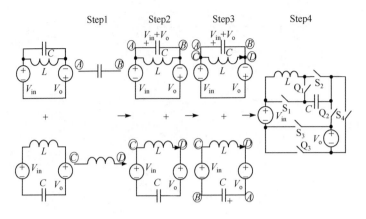

(a) 电感在开关电容模态中充电

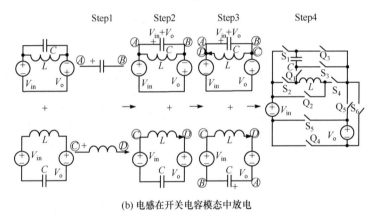

(b) 电感在开关电容模态中放电

图 10.3.3　推导步骤

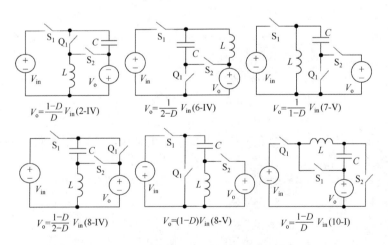

$V_o = \dfrac{1-D}{D} V_{in}$ (2-IV) $V_o = \dfrac{1}{2-D} V_{in}$ (6-IV) $V_o = \dfrac{1}{1-D} V_{in}$ (7-V)

$V_o = \dfrac{1-D}{2-D} V_{in}$ (8-IV) $V_o = (1-D) V_{in}$ (8-V) $V_o = \dfrac{1-D}{D} V_{in}$ (10-I)

图 10.3.4　一族非隔离型开关电容调节器(含三个开关)

10.3.2 一族隔离型开关电容调节器

在推导出的三个开关器件变换器中，用变压器取代上述非隔离型开关电容调节器中的电感，并且按如图10.3.5的步骤，可以进一步推导出一族隔离型开关电容调节器，该族变换器实现了输入输出电气上的隔离。其中图10.3.5(a)所推导出的变换器即是文献[70]所提出的不对称半桥反激变换器。以图10.3.5(b)所示的隔离型开关电容调节器为例对其工作原理进行分析。

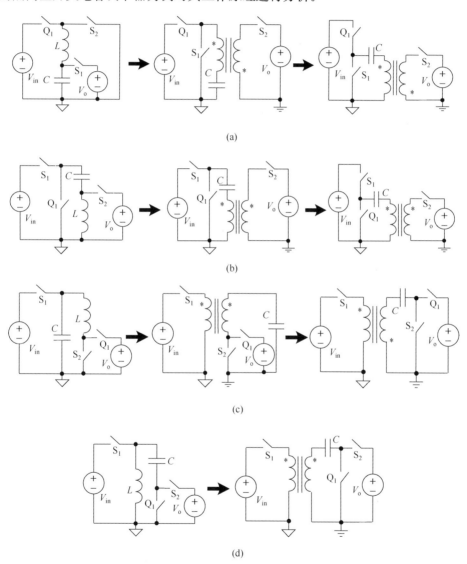

图 10.3.5　一族隔离型开关电容调节器

1. 漏感忽略不计的情况

本节所分析的隔离型开关电容调节器的主电路和主要波形如图 10.3.6(a)、(b)所示。当漏感很小可忽略不计时,该变换器共有两个开关模态。

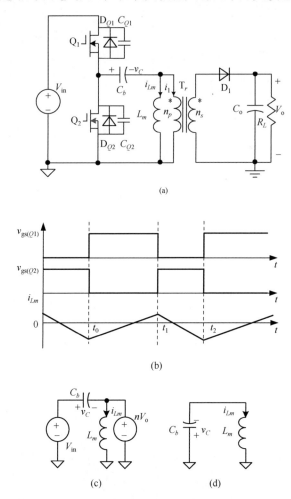

(a)

(b)

(c)   (d)

图 10.3.6 隔离型开关电容调节器

1) 开关模态 1$[t_0, t_1]$(图 10.3.6(c))

Q_1 和 D_1 导通,输出电压折算到原边为 nV_o,与隔直电容串联后并联接在输入电压源两端。此时电路工作在开关电容模态,能量可以由输入迅速传递给输出,具有良好的动态特性。

2) 开关模态 2$[t_1, t_2]$(图 10.3.6(d))

Q_1 和 D_1 关断,Q_2 导通。变压器同名端为负,原副边脱离,电路工作在调压模态,调节 Q_2 的占空比可以控制输出电压。

根据以上分析,可以看出该隔离型开关电容调节器是开关电容变换器和调压

变换器的复合,同时具有动态响应快和可调压的优点。它的电压传输比如下:

$$V_o = \frac{DV_{in}}{n} \qquad (10.3.1)$$

这里的 D 是 Q_2 的占空比,n 是变压器原边与副边的匝比。

2. 考虑漏感的情况

在实际应用中,变压器往往存在漏感,本节将具体分析漏感不可忽略时隔离型开关电容调节器的工作原理。在分析之前,作如下假设:

(1) 所有开关管和二极管均为理想器件;

(2) 所有电感、电容和变压器均为理想元件;

(3) 输出电容足够大,可近似认为是电压源。

图 10.3.7 给出了考虑漏感后变换器的主电路以及主要波形图,变换器共有 6 个工作模态,图 10.3.8 给出了每个模态的等效电路,具体的工作原理如下。

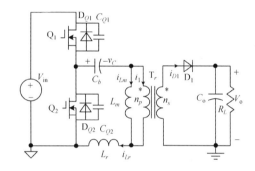

(a)

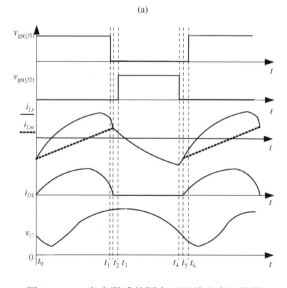

图 10.3.7　考虑漏感的隔离型开关电容调节器

1) 开关模态 $1[t_0, t_1]$(图 10.3.8(a))

t_0 时刻,Q_1 和 D_1 导通,变压器的漏感 L_r 与隔直电容 C_b 谐振,输入的能量一部分储存在隔直电容中,另一部分传递给输出。变压器原边电流 i_{Lr} 呈谐振变化规律,励磁电感电流 i_{Lm} 反向线性下降到 0 后再正向线性上升,在该模态中储存能量减少。

$$i_{Lr}(t) = \frac{V_{in} - nV_o - V_{Cb}(t_0)}{Z_{r1}} \sin\omega_{r1}(t-t_0) + I_{Lr}(t_0)\cos\omega_{r1}(t-t_0) \quad (10.3.2)$$

$$v_{Cb}(t) = V_{in} - nV_o + Z_{r1}I_{Lr}(t_0)\sin\omega_{r1}(t-t_0)$$
$$- [V_{in} - V_{Cb}(t_0) - nV_o] \cdot \cos\omega_{r1}(t-t_0) \quad (10.3.3)$$

这里的 $\omega_{r1} = 1/\sqrt{L_r C_b}$,$Z_{r1} = \sqrt{L_r/C_b}$。$I_{Lr}(t_0)$ 和 $V_{Cb}(t_0)$ 分别是 t_0 时刻流经 L_r 的电流和 C_b 两端电压。

2) 开关模态 $2[t_1, t_2]$(图 10.3.8(b))

t_1 时刻,Q_1 关断,此时可利用漏感中储存的能量给 Q_1 的结电容 C_{Q1} 充电和 Q_2 的结电容 C_{Q2} 放电,从而实现了 Q_1 的 ZVS 关断,在该模态中变压器原边电流下降,励磁电感电流由于两端仍是输出电压而线性上升。

$$i_{Lr}(t) = \frac{V_{in} - nV_o - V_C(t_1)}{Z_{r2}} \sin\omega_{r2}(t-t_1) + I_{Lr}(t_1)\cos\omega_{r2}(t-t_1) \quad (10.3.4)$$

这里的 $\omega_{r2} = 1/\sqrt{L_r(C_{Q1}+C_{Q2})}$,$Z_{r1} = \sqrt{L_r/(C_{Q1}+C_{Q2})}$。

3) 开关模态 $3[t_2, t_3]$(图 10.3.8(c))

t_2 时刻,i_{Lr} 和 i_{Lm} 值恰好相等时,D_1 零电流关断,不存在二极管反向恢复问题。之后变压器原副边脱离,变压器等效为励磁电感在工作。

$$i_{Lr}(t) = \frac{V_{in} - V_{Cb}(t_2)}{Z_{r3}} \sin\omega_{r3}(t-t_2) + I_{Lr}(t_2)\cos\omega_{r3}(t-t_2) \quad (10.3.5)$$

这里的 $\omega_{r3} = 1/\sqrt{(L_r+L_m)C_b}$,$Z_{r3} = \sqrt{(L_r+L_m)/C_b}$。

4) 开关模态 $4[t_3, t_4]$(图 10.3.8(d))

t_3 时刻,C_{Q1} 充电和 C_{Q2} 放电过程结束。此时开通 Q_2 的可实现其 ZVS 开通。在该模态中励磁电感、漏感与隔直电容 C_b 三者谐振。

$$i_{Lr}(t) = \frac{-V_C(t_3)}{Z_{r3}} \sin\omega_{r3}(t-t_3) + I_{Lr}(t_3)\cos\omega_{r3}(t-t_3) \quad (10.3.6)$$

$$v_C(t) = V_C(t_3)\cos\omega_{r3}(t-t_3) + Z_{r3}I_{Lr}(t_3)\sin\omega_{r3}(t-t_3) \quad (10.3.7)$$

5) 开关模态 $5[t_4, t_5]$(图 10.3.8(e))

t_4 时刻,关断 Q_2,此时可利用漏感和励磁电感中储存的能量给 C_{Q2} 充电和 C_{Q1} 放电,从而实现了 Q_2 的 ZVS 关断,而变压器原边电流反向下降。

$$i_{Lr}(t) = \frac{V_{in} - V_C(t_4)}{Z_{r4}} \sin\omega_{r4}(t-t_4) + I_{Lr}(t_4)\cos\omega_{r4}(t-t_4) \quad (10.3.8)$$

这里 $\omega_{r4} = 1/\sqrt{(L_r+L_m) \cdot (C_{Q1}+C_{Q2})}$,$Z_{r4} = \sqrt{(L_r+L_m)/(C_{Q1}+C_{Q2})}$。

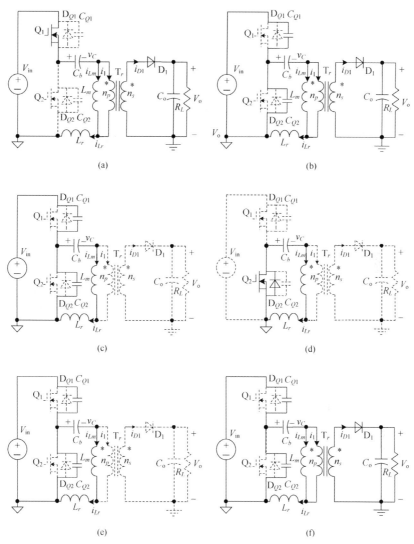

图 10.3.8 等效电路图

6) 开关模态 6[t_5,t_6](图 10.3.8(f))

t_5 时刻,变压器副边电压增加到输出电压,D_1 因开始承受正向电压而导通,变压器两端电压被输出钳位。t_6 时刻,C_{Q2} 充电和 C_{Q1} 放电过程结束,此时开通 Q_1,可实现 Q_1 的 ZVS 开通。

$$i_{Lr}(t) = \frac{V_{in} - nV_o - V_C(t_5)}{Z_{r2}} \sin\omega_{r2}(t-t_5) + I_{Lr}(t_5)\cos\omega_{r2}(t-t_5) \quad (10.3.9)$$

至此,整个开关周期结束。

10.3.3 一族带变压器的非隔离型开关电容调节器

在有些不需要电气隔离的应用场合,如中央处理器供电电源电压调节模块

(Voltage Regulator Module，VRM)，其输入为 12V，输出 1V 左右。由于输入和输出电压相差很悬殊，若使用传统的 Buck 变换器，就会因为占空比过小而带来一些问题，比如开关管的关断损耗大、同步整流管体二极管反向恢复损耗大，上管电流有效值大导致导通损耗大等，从而影响变换器效率，带来成本和散热的问题。为了解决以上问题，可以引入变压器，将等效占空比增大，从而提高效率。如果将图 10.3.5(b)所示的隔离型开关电容调节器进行进一步的推导，使得输入输出共地，可以得到带变压器的非隔离型开关电容调节器（开关管 Q_1、S_1 同时导通），具体推导过程如图 10.3.9 所示。

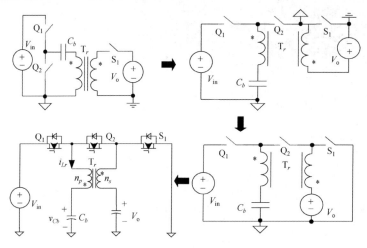

图 10.3.9　带变压器的非隔离型开关电容调节器

同样的，也可以将图 10.3.5(a)所示的隔离型开关电容调节器进行进一步的推导，可以得到如图 10.3.10 所示的带变压器的非隔离型开关电容调节器。

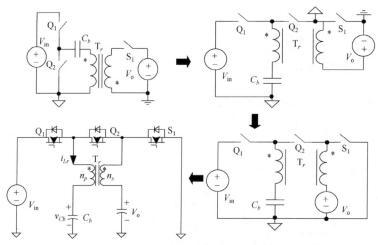

图 10.3.10　带变压器的非隔离型开关电容调节器

10.4 实验结果

为了验证理论分析的正确性,基于如图 10.3.7(a)所示的隔离型开关电容调节器在实验室完成了一台 12V/16A 的原理样机,如图 10.4.1 所示,主要元件有:Q_1,Q_2,IPA60R299CP;D_1,MBR40100CT;driver,IR2110。变换器参数如下:

- 输入电压:$V_{in} = 400$ V;
- 输出电压:$V_o = 12$ V;
- 输出电流:$I_o = 16$ A;
- 变压器匝比:$n = 12 : 1$;
- 励磁电感:$L_m = 298\ \mu H$;
- 隔直电容:$C_b = 220$ nF;
- 开关频率:$f_s = 100 kHz$。

图 10.4.1 硬件图片

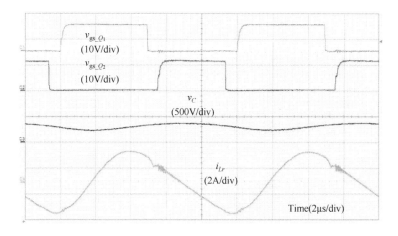

图 10.4.2 主要工作波形

图 10.4.2 给出了变换器的主要工作波形,包括 Q_1、Q_2 的驱动波形、电容 C_b 两端电压波形、变压器原边电流 i_{L_r} 的波形,可以看出电流有两个谐振过程,一次谐振是电容 C_b 与漏感 L_r 进行谐振,另一次谐振是电容 C_b 与漏感 L_r、励磁电感 L_m 进行谐振。图 10.4.3 给出了变换器的软开关波形,从波形可以看出,Q_1、Q_2 均实现了 ZVS 开通。图 10.4.4 给出了变换器的效率波形,由于副边采用的是二极管整流,在低压大电流输出下效率不是很高,如果将其换成同步整流可以进一步提高其效率。

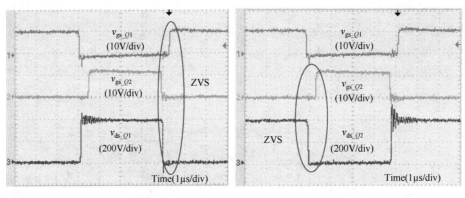

(a) Q_1 ZVS开通波形   (b) Q_2 ZVS开通波形

图 10.4.3 软开关波形

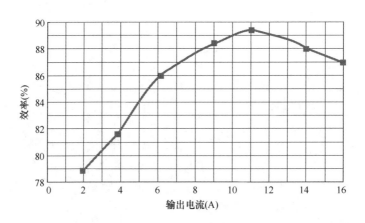

图 10.4.4 效率曲线

10.5 本章小结

  本章在提出开关电容基本单元和开关电感基本单元的基础上,推导出了一族非隔离型开关电容调节器。通过在变换器中加入变压器,推导出了隔离型以及带变压器的非隔离型开关电容调节器。开关电容调节器是开关电容变换器和PWM直流变换器的复合,兼备了开关电容变换器动态响应快和PWM变换器可调压的优点。通过一台12V/16A输出的隔离型开关电容调节器原理样机验证了理论分析的正确性。

第 11 章   供电系统能量管理

11.1   引　言

本书前几章介绍了绿色数据中心双母线直流供电系统的结构以及各个典型的组成变换器,可知该系统具有多个输入源,并且负载类型较多,包含的功率变换装置较多。如何对整个系统的能量流进行管理,不仅关系到整个系统的正常运行,还影响着系统效率以及可靠性。因此,提出合适的能量管理策略十分关键。从电能处理的角度,能量管理策略的核心是实现电能在多个电能提供者以及电能消耗者之间自由地按需流动。根据系统输入源以及负载情况,提出最佳的能量管理方案能够使得系统具有更高的效率以及可靠性。

11.2   能量管理研究现状

11.2.1   微网能量管理系统的定义和组成

加入新能源的绿色数据中心供电系统实质上也是一个微网系统,微网能量管理系统(Energy Management System,EMS)根据系统的电/热负荷需求、天气情况、电价/燃气信息等,协调微网内的分布式电源和负荷等设备,保证微网安全稳定,实现微网的经济优化运行。如图 11.2.1 所示为微网能量管理系统的信息流示意图,微网 EMS 根据负荷和可再生能源发电预测,结合电价等信息,实现微网的

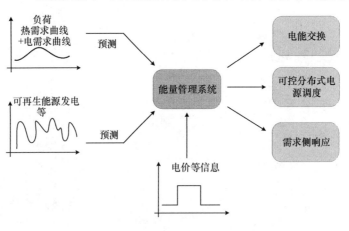

图 11.2.1   系统能量管理信息流

能量优化调度。微网能量管理系统是整个微网系统的协调控制核心,是太阳能、风能等可再生能源实现有效利用,负载得到可靠供电,微网系统实现安全、高效、经济运行的重要保障[71]。

微网能量管理不同于传统的电力系统经济调度,它们之间的区别在于:微网中的新能源发电比例较大,而光伏、风力发电这些新能源易受天气的影响,输出功率波动较大;微网的电压等级较低,系统中输电线路的损耗相对较大,如忽略则不利于寻找全局最优化运行点;微网运行方式灵活,并网和独立两种运行模式下的能量管理不同,并网模式下的能量管理需要考虑大电网调度计划、微网与大电网间的能量交互运行控制策略、分布式电源的特性、电能质量约束、所采取的电力市场等方面的因素,以实现微网运行效益最大化,而在独立运行模式下微网能量管理应首先确保系统保持稳定的母线电压幅值和频率,确保微网始终能完全消纳内部的波动功率,保证系统能持续运行,即在保证微网安全可靠供电的基础上再追求微网运行的经济性。不同的运行模式下需要考虑的能量管理策略也不相同[72]。

因此,系统的能量管理必须从微网整体出发,综合当地电/热负荷需求、电价、电网要求、电能质量要求等信息作出决策,以决定系统与大电网间的交互功率,对各个电源进行控制,实现系统中分布式电源、储能单元及负荷之间的最佳匹配。在维持微网系统能量平衡、保证供电质量的基础上,如何实现微网系统在并网模式和独立模式之间的无缝切换、分布式发电单元的灵活投切、储能单元的智能充放电管理是目前微网能量管理亟待解决的关键问题。解决这些问题需要相应的微网能量管理系统进行微网系统中能量流的控制和管理。

如图 11.2.2 所示,微网能量管理系统由分布式能量管理系统、微网智能能量管理中心和本地能量控制器(微电源控制器和负荷控制器)三部分构成。分布式能

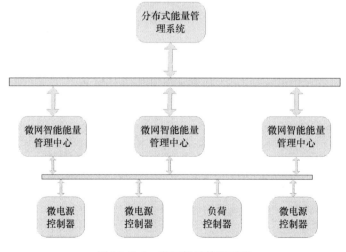

图 11.2.2　微网能量管理系统

量管理系统负责管理微网系统和电力系统调度中心之间的信息交换;微网智能能量管理系统利用分布式能量管理系统和本地能量控制器提供的信息,综合考虑电网电价、分布式电源的报价、储能单元的剩余容量和负荷需求制订经济的发电计划,通过合理的能量管理策略对微网系统中各分布式发电单元,储能单元和能量变换单元的运行状态,实现微网系统的能量平衡和经济运行;本地能量控制器负责微网智能能量管理中心和底层各个发电单元、储能单元和能量交换单元之间的信息交换。

11.2.2 微网的能量控制策略

目前,国内外在微网能量控制方向出现很多研究成果,包括微网系统建模、微网内分布式电源(DG)控制、微网运行保障电能质量的方法、微网调度和能量管理策略等方面。微网中有三种基本的控制策略:PQ 控制、下垂控制以及 VF 控制策略。PQ 控制即控制分布式电源的输出有功功率和无功功率等于各自的参考功率。下垂控制利用分布式电源输出有功功率和频率呈线性关系、无功功率和电压幅值呈线性关系的原理而进行控制。VF 控制的基本思想是保证分布式电源在任何负载状态下的输出电压和频率维持不变。

在进行微网控制时,存在着以下关键问题[73]。

(1) DG 的响应时间问题,由于 DG 瞬时功率跟踪负荷变化的能力弱,DG 不能及时满足负荷功率需求时的缺额会造成负荷的暂态电压跌落。该问题通过采用储能装置即可得到解决。

(2) DG 之间的协调控制。在孤岛情况下,需保证储能有备用能量的同时不能超过其能储存的最大容量,需将 DG 发出的功率限定在某范围内进行调节。同时,不同 DG 的输出特性、组成环节以及时间常数,需进行合理的协调。

(3) DG 的并联问题。尤其是多个电压源式的 DG 并联,通过综合控制调节,可减少 DG 之间出现大的无功电流环流。

(4) 再并网控制。在再并网前的时刻,微网与大电网需满足再并网条件,即需使两端电压差值尽可能小,从而使静态开关两侧保持同步。通过改进控制策略,减少状态切换时对大电网的影响。

(5) 孤岛时的负荷分级及控制投切。需对负荷进行详细的分类和划分,形成金字塔式的负荷分配结构。对负荷的投切条件进行合理设定,保证重要负荷的安全可靠运行。

目前大多数关于微网能量管理的研究都是基于交流母线的基础上,对于直流微网能量管理的研究较少,因此尚有很多研究工作可以展开。

11.2.3 能量管理优化算法

目前,国内外学者在微网能量管理方面开展了大量的研究工作。由于微网设备种类繁多,微网模型并不完全统一,而且考虑各种不同的目标函数和约束条件也会使得问题模型的复杂度有较大差异,从而造成优化算法的选取有较大差别,智能优化算法是应用在微网能量管理比较常用的优化算法[71]。

智能优化算法主要包括遗传优化算法(Genetic Algorithm,GA)、粒子群优化算法(Particle Swarm Optimization,PSO)、蚁群优化算法(Ant Colony Optimization,ACO)、模拟退火算法(Simulated Annealing,SA)、禁忌搜索算法(Tabu Search,TS)等。智能优化算法的优点如下:

(1) 有较强的全局寻优能力;

(2) 可以处理含离散变量的问题,不要求所求解的问题满足连续、可导、凸性等条件,一般不需要导数信息;

(3) 鲁棒性强,实现简单。

遗传优化算法在分布式供能优化调度方面得到了很好的应用。它具有良好的鲁棒性、并行性和高效性。有人建立了基于改进遗传算法的微网能量管理模型,设计了两种运行策略,实现了微网在独立和并网两种模式下的经济运行,采用改进的遗传算法进行求解,使得该模型能够实现微网在独立和并网两种模式下能量流的最优控制并量化微网对用户和电力部门的经济效益,使其在保持对可再生能源充分利用的同时达到利润的最大化[73]。

粒子群优化算法在微网能量管理中也得到了一定的实践。该算法操作简便,依赖的经验参数较少,常被用来求解多种优化问题。有人给出了供电、供热、供气一体化的微网结构,建立了考虑温室气体、污染物排放的以微网运行成本最低为目标函数的微网经济模型,并用粒子群算法对该模型进行求解,使得微网系统具有最优的经济性[74]。

微网系统中具有多个电能来源以及多个负载,并且电能来源的特性各不相同,整个系统的控制比较复杂。将这些智能优化算法运用在微网系统的能量管理中,可以使得系统更高效地利用可再生能源,并降低系统的成本。

11.3 绿色数据中心能量管理基本控制策略

由于新能源、电网以及储能装置都是接在 380V 高压直流母线上的,母线电压值的大小及其变化趋势可以大致反映系统的能量状况。若母线电压偏高,则系统输入(源)能量大于输出(负载)能量;反之系统输入(源)能量小于输出(负载)能量。因此可通过对高压母线电压值进行分区来对系统进行能量管理,如图 11.3.1 所示。

当母线电压在 IV 区间范围内的时候,太阳能电池工作在最大功率点跟踪模式并能提供足够的电力给负载,表明此时系统电力正常。当系统能量不匹配的时候,系统中除了有太阳能电池在 MPPT 模式下向负载提供电力外,还需其他储能

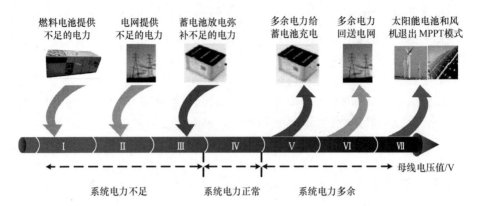

燃料电池提供不足的电力　电网提供不足的电力　蓄电池放电弥补不足的电力　多余电力给蓄电池充电　多余电力回送电网　太阳能电池和风机退出 MPPT 模式

I　II　III　IV　V　VI　VII

母线电压值/V

系统电力不足　　系统电力正常　　系统电力多余

图 11.3.1　系统能量流向图

设备来吸收或者弥补那部分不匹配的能量。如果新能源发电超过了负载所需的电力时,母线电压就会升高。当母线电压从 IV 区间升高到 V 区间时,蓄电池接入系统中吸收多余的能量,直到充饱后退出系统。如果母线电压继续升高到 VI 区间,则多余的电力会回送到电网中去。如果电网出现故障,母线电压将会升高到 VII 区间时,太阳能电池退出 MPPT 模式,通过功率变换单元对母线进行稳压。

如果新能源发出的电能不能满足负载时,母线电压会下降。当母线电压从 IV 区间下降至 III 区间时,蓄电池被接入系统中来补足电力缺口。为了防止蓄电池过放,当蓄电池电压低于某一值时则切出系统。这时如果系统电力仍然不足,母线电压下降 II 区域时,系统中接入电网,由电网提供不足的电力。如果电网出现故障,母线电压则继续下降至 I 区间时,燃料电池接入系统来提供那部分不足的电力。

根据不同的母线电压进行分区,变换器的工作模式如下:

(1) 工作模式 1(图 11.3.2(a)):电网出现故障,光伏电池、风机、蓄电池、燃料电池同时工作仍然不足以提供负载所需能量 ,按照负载的优先等级,切除部分负载,保留关键负载。或者电网出现故障,光伏电池、风机、蓄电池同时工作不足以提供负载所需能量,燃料电池工作提供不足能量。在该模式下,电网接口变换器不工作;光伏电池、风机与母线的接口单元工作在 MPPT 模式;燃料电池参与供电;蓄电池接口单元工作在 Boost 模式,稳定直流母线电压。

(2) 工作模式 2(图 11.3.2(b)):电网运行正常,光伏电池、风机、蓄电池同时工作不足以提供负载所需能量,电网提供不足能量。在该模式下,电网接口变换器工作在整流模式,稳定直流母线电压;光伏电池、风机与母线的接口单元工作在 MPPT 模式;燃料电池不参与供电;蓄电池接口单元工作在 Boost 模式。

(3) 工作模式 3(图 11.3.2(c)):电网运行正常,光伏电池、风机、蓄电池同时工作足以提供负载所需能量。在该模式下,电网接口变换器不工作;光伏电池、风机与母线的接口单元工作在 MPPT 模式;燃料电池不参与供电;蓄电池接口单元工作在 Boost 模式,稳定直流母线电压。

（4）工作模式4（图11.3.2(d)）：光伏电池、风机同时工作提供负载所需能量，多余能量给蓄电池充电。在该模式下，电网接口变换器不工作；光伏电池、风机与母线的接口单元工作在 MPPT 模式；燃料电池不参与供电；蓄电池接口单元工作在 Buck 模式，稳定直流母线电压。

（5）工作模式5（图11.3.2(e)）：光伏电池、风机同时工作提供负载所需能量，蓄电池充满电，剩余能量回馈给电网。在该模式下，电网接口变换器工作在逆变模式，稳定直流母线电压；光伏电池、风机与母线的接口单元工作在 MPPT 模式；燃料电池不参与供电；蓄电池接口单元不工作。

（6）工作模式6（图11.3.2(f)）：电网发生故障，光伏电池、风机同时工作提供负载所需能量，蓄电池充满电。在该模式下，电网接口变换器不工作；光伏电池、风机与母线的接口单元工作退出 MPPT 模式，稳定直流母线电压；燃料电池不参与供电；蓄电池接口单元不工作。

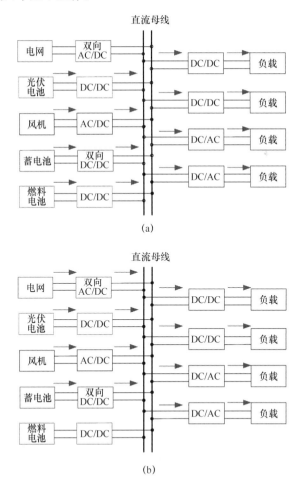

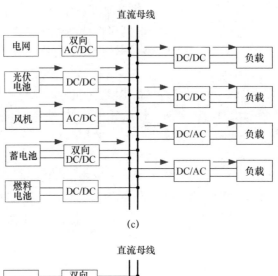

(c)

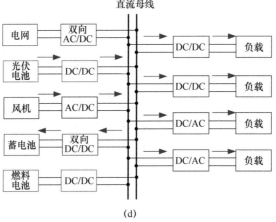

(d)

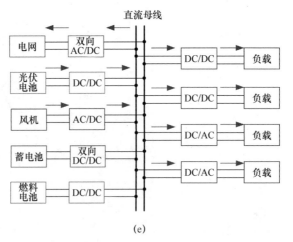

(e)

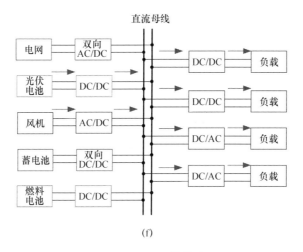

图 11.3.2　工作模式

通过检测高压直流母线电压,判断系统输入源和负载能量供需状态,通过数字控制对系统能量流进行管理控制,给各个变换器发出指令,使其工作在最佳工作模式,以确保系统高效可靠工作。

11.4　变母线电压控制策略

系统中的风能和太阳能均采用 MPPT 控制策略,因此母线电压值仅由电网接口变换器控制。由于系统中有多个电能来源以及负载,整个系统的运行状态并不是固定不变的。母线电压的大小影响着整个系统的运行效率,若母线电压固定,则该系统不能兼顾各个运行状态下的效率。

因此,在图 11.3.1 不同的母线电压区间里,本项目将分别采用变母线电压的控制策略,母线电压并不是固定的某个电压值,而是在其附近变化,实时监测系统的输入及输出电压和电流,计算输入、输出的功率,算出某个时刻的效率。采用扰动观察法,对其直流母线电压基准施加小扰动,观察效率的变化趋势,找到效率最优点对应的母线电压值,使系统更高效地工作。母线电压的变化范围需要综合考虑系统中各个变换器元器件的电压和电流应力进行设定。系统的运行效率与母线电压的可能关系曲线如图 11.4.1 所示,可大致分为三类:单调曲线、单峰曲线、多峰曲线。对于单调以及单峰曲线,应用上述的扰动法可以准确地找到效率最优点。而对于多峰曲线,扰动观察法是不适用的,因为它有多个效率极值点,采用扰动观察法很容易将其中一个极值点误认为是全局效率最优点,不能做到效率最优化。

粒子群优化算法原理简单、参数少,并具有特定的记忆功能和协同搜索机制,被广泛应用于许多科学和工业工程领域,可以采用粒子群优化算法进行多峰最高效率点跟踪的研究。

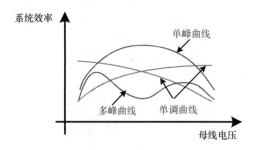

图 11.4.1　不同母线电压下的系统效率

　　粒子群优化算法是由美国 Kennedy 和 Eberhart 受鸟群觅食行为的启发,于 1995 年提出的。他们提出的粒子群优化算法同遗传算法类似,是一种基于迭代的优化工具。但是在算法中没有"交叉"和"变异"操作,而是以粒子对解空间中最优粒子追随进行解的搜索。与遗传算法相比,粒子群算法的优点是算法简单、参数少、易于实现[75,76]。

　　粒子群优化算法是一种多极值函数全局优化的有效方法,通过群体中粒子间的合作与竞争产生的群体智能指导优化搜索。每个优化问题的潜在解都是搜索空间的粒子,所有的粒子都有一个被优化的函数决定的适应值,每个粒子还有一个速度向量决定他们飞行的方向和距离,然后粒子们就追随当前的最优粒子在解的空间中进行搜索。

　　群体中的每个粒子都包含三个属性,分别是当前位置、当前速度和历史最好的位置。假设在一个 D 维的目标搜索空间中,有 m 个粒子组成一个群体,其中第 i 个粒子的位置表示为向量 $x_i=(x_{i1},x_{i2},\cdots,x_{iD})$,$i=1,2\cdots,m$;第 i 个粒子的速度表示为向量 $v_i=(v_{i1},v_{i2},\cdots,v_{iD})$;第 i 个粒子迄今为止搜索到的最优位置为 $p_g=(p_{g1},p_{g2},\cdots,p_{gD})$。每一次迭代中,粒子通过两个极值点来更新自己的位置和速度,一是粒子本身至当前时刻为止找到的最优解,简称 P_{best},另一个是整个群体至当前时刻找到的最优解,简称 G_{best}。第 $k+1$ 次迭代时第 i 个粒子速度 v_i^{k+1} 和位置 s_i^{k+1} 的更新方程为

$$v_{id}^{k+1}=wv_{id}^k+c_1r_1(P_{\text{best}}-s_{id}^k)+c_2r_2(G_{\text{best}}-s_{id}^k) \tag{11.4.1}$$

$$s_{id}^{k+1}=s_{id}^k+v_{id}^{k+1} \tag{11.4.2}$$

当 $v_{id}>V_{\max}$ 时,取 $v_{id}=V_{\max}$,当 $v_{id}<-V_{\max}$ 时,取 $v_{id}=-V_{\max}$。式中,$i=1,2,\cdots,m$;$d=1,2,\cdots,D$;k 为迭代次数;w 为惯性权重。

　　w 的大小用来决定粒子当前的速度对粒子下一次迭代粒子移动方向的影响,惯性系数越大,则粒子继承当前速度的能力越强,惯性系数小,粒子继承当前速度的能力越弱。合理地选择惯性系数可以平衡粒子的全局搜索能力和局部开发能力。c_1 和 c_2 为学习因子(Learning Factor)或者称为加速系数(Acceleration Coefficient),c_1 是"自身认知"部分,c_2 是"社会认知"部分。r_1 和 r_2 服从[0,1]上的均

匀随机数。速度 v_i 通常被限制在 $[-V_{\max},V_{\max}]$ 范围内。$V_{\max}$ 的选择会影响算法的全局和局部搜索能力[71]。

如图 11.4.2 所示为粒子群算法在变母线电压控制中的流程图,其流程如下:

(1)粒子群电压的初始化。初始化粒子群中所有粒子的速度和位置。

(2)根据粒子的位置,计算每个粒子对应的效率值。

(3)判断是否满足调整参数的条件,如果满足条件,则调整加速因子、惯性因子。

(4)判断迭代是否终止,如果达到终止条件,则迭代终止,输出当前粒子对应的效率值,判断是否满足算法重启条件,如果满足,则重新初始化粒子电压;如果没有达到终止条件,则继续计算。

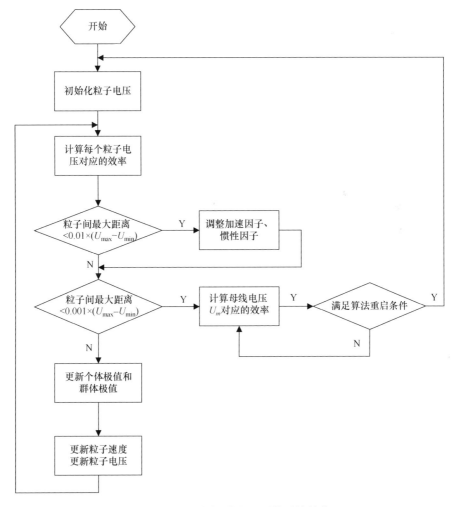

图 11.4.2　不同母线电压下的系统效率

（5）比较当代粒子的效率和历史最优粒子的效率，如果当代粒子的效率高于历史最优粒子的效率，则更新粒子历史最优值为当代粒子的效率。

（6）在历史最优粒子中选取一个最大的效率作为全局最优粒子，并且记录全局最优粒子的母线电压值。

（7）更新粒子的速度和位置，计算粒子电压对应的效率值。

初始粒子的选择：

在变母线电压最高效率点跟踪中，目标函数值为测量系统的效率。粒子的位置代表母线电压值，假设有 N 个粒子，则粒子位置分别为母线电压 $U_1,U_2\cdots,U_N$。假设最多有 n 个可能的极值点，为了不丢失极值点，选择 n 个粒子。假设电压变化范围为 $[U_{min},U_{max}]$，第 1 个粒子的位置为 $U_{min}+(U_{max}-U_{min})/(n+1)$，第 i 个粒子的位置为 $U_{min}+i*(U_{max}-U_{min})/(n+1)$。

参数选择：

参数 c_1,c_2 和 w 的选择对算法的计算过程影响很大。惯性因子 w 是 PSO 算法中的一个重要参数，它的大小直接决定了前一代速度在后一代速度中所占的比重大小，控制着粒子的鲁棒性大小，决定了粒子的局部搜索能力和全局搜索能力。如果惯性因子较大，粒子的初始飞行速度对粒子的飞行影响程度会一直很大，粒子的飞行方向不容易改变，鲁棒性增加，但是收敛速度较低；如果惯性因子较小，则粒子总是朝着粒子最优和全局最优位置飞行，虽然收敛速度会提高，但是算法的鲁棒性很小，很可能搜索不到目标函数的最优解。加速系数 c_1、c_2 影响的是个体历史最优和全局最优在速度中所占的比例大小。如果加速因子取值较低，则粒子的飞行方向很难改变，如果加速因子取值较高，则粒子自身的速度作用会被削弱。在算法初始阶段，自我认知比较重要，c_1 和 c_2 可以设置成相等，或者 c_1 大于 c_2。在算法后期，社会认知比较重要，当粒子间最大电压差小于 $0.01*(U_{max}-U_{min})$ 时，设置 c_1 小于 c_2。

终止策略：

当粒子位置非常集中时，可以认为已经达到了最高效率点附近。当粒子间最大电压差小于 $0.001*(U_{max}-U_{min})$ 时，停止迭代。当前所有粒子电压中对应效率最高者定为 U_m，其效率为最高效率 η_m。

重启条件：

当可再生能源的输入功率或者负载情况有变化时，效率曲线也会有相应的变化，最高效率点的位置也会有变化，这时候需要重新启动粒子群算法，使系统能够在动态变化时实时跟踪最高效率点的位置。当效率变化量 $\Delta\eta=\dfrac{\eta'-\eta_m}{\eta_m}$ 超过 10% 时，进行算法重启，其中 η' 为母线电压为 U_m 时对应的实际效率值。

11.5　本 章 小 结

　　本章首先介绍了微网系统能量管理的研究现状,包括微网能量管理系统的定义及组成、微网能量控制策略以及微网能量管理优化算法。然后针对绿色数据中心直流母线供电系统提出了相应的能量管理策略,根据不同的母线电压进行分区控制决定系统的能量流,从而决定分布式电源各接口单元的工作状态。最后为了实现系统效率的最优化,引入变母线电压控制方法,采用粒子群算法寻找效率全局最优点,从而进一步提高系统的效率。

参 考 文 献

[1] 范平. 揭开不为人知的秘密看数据中心发展史. http://server. zol. com. cn/322/3228735. html.

[2] 数据中心的整体概念百度文库.

[3] 顾大伟,郭建兵,黄伟,等. 数据中心建设与管理指南. 北京:电子工业出版社,2010.

[4] 数据中心的可用性及可靠性百度文库.

[5] 虚拟化技术在数据中心中的应用. Novell 数据中心技术白皮书.

[6] 辛研. 国外数据中心的绿色化建设. 新经济导刊,2013,(6).

[7] 刘晓茜. 云计算数据中心结构及其调度机制研究. 合肥:中国科学技术大学博士学位论文,2013.

[8] 王其英. 数据中心节能供电系统的规划与设计. 北京:电子工业出版社,2012.

[9] 张广明,钟景华,陈众励,等. 2011 数据中心供配电解决方案及能效管理论坛工程师与制造商伙伴们的观点. 电气应用,2011,30(23):24-27.

[10] 张广明. UPS 用户关心的 22 个问题(上). 电信技术,2005,(5):28-30.

[11] 杨晓花. 论 UPS 供电系统的问题与发展——访中国电源学会副理事长张广明. 电气应用,2009,28(18):6-9.

[12] 周志敏,纪爱华. 数据中心 UPS 供电系统设计与故障处理. 北京:电子工业出版社.

[13] Tabisz W A, Jovanovic M M, Lee F C. Present and future of distributed power systems. IEEE APEC,1992:11-18.

[14] Lindman P, Thorsel L. Applying distributed power modules in telecom systems. IEEE Transactions on Power Electronics,1996,11(2):365-373.

[15] Xi Y H, Jain P K. The point of use DC/DC power distribution: the architecture and an implementation. Proc. IEEE INTELEC,2000:498-505.

[16] Ton M, Fortenbery B, Tschudi W. DC power for improved data center efficiency. 2007, Lawrence Berkeley National Laboratory: Berkeley, CA. Retrieved from http://hightech. lbl. gov/documents/DATA CENTERS/DCDemoFinalReport. pdf.

[17] Pratt A, Kumar P, Aldridge T. Evaluation of 400V DC distribution in telco and data centers to improve energy efficiency. INTELEC 2007, 2007, 9:32-39.

[18] Fukui A, Takeda T, Hirose K, et al. HVDC power distribution systems for telecom sites and data centers. IPEC 2010,2010,6:874-880.

[19] Kim D H, Yu T, Kim H, et al. 300V DC feed system for Internet data center. ICPE ECCE 2011, 2011, 6: 2352-2358.

[20] 张兴. PWM 整流器及其控制策略的研究. 合肥:合肥工业大学博士学位论文,2003.

[21] Kolar J W, Zach F C. A novel three-phase utility interface minimizing line current harmonics of high power telecommunication rectifier modules. Record of the 16th IEEE International Telecommunications Energy Conference, Vancouver, 1994,367-374.

[22] Nussbaumer T, Baumann M, Kolar J W. Comprehensive design of a three-phase three-switch buck-type PWM rectifier. IEEE Trans. Power Electron,2007,22(2): 551-562.

[23] Manias S, Prasad A R, Ziogas P D. A novel sinewave in AC to DC converter with high fre-

quency transformer isolation. IEEE Trans. Ind. Electron,1985,32(4):430-438.

[24] Kolar J W, Drofenik U, Zach F C. VINNEA Rectifier Ⅱ-a novel single-stage high-frequency isolated three-phase PWM rectifier system. IEEE Trans. Ind. Electron, 1999,46(4): 23-33.

[25] Vlatkovic V, Borojevic D, Lee F C. A zero-voltage switched, three-phase isolated PWM buck rectifier. IEEE Trans. Power Electron,1995,10(2): 148-157.

[26] Wu J, Lee F C, et al. A 100 kW high-performance PWM rectifier with a ZCT soft-switching technique. IEEE Trans. Power Electron,2003,18(6):1302-1308.

[27] Ma Z Y, Xu D H, et al. A novel DC-side zero-voltage switching three-phase boost PWM rectifier controlled by an improved SVM method. IEEE Trans. Power Electron,2012,27 (11):4391-4408.

[28] 张爱玲,牛维. 三相电压型 PWM 变换器设计方法的研究. 太原理工大学学报,2008,(3): 311-314.

[29] 张崇巍,张兴. PWM 变换器及其控制. 北京:机械工业出版社,2003.

[30] 路甬祥. 中国海洋资源与可持续发展. 北京:科学出版社,2007.

[31] 沈辉,曾祖勤. 太阳能光伏发电技术. 北京:化学工业出版社,2005.

[32] 蔡宣三. 太阳能光伏发电发展现状与趋势. 电力电子,2007,(02):3-6.

[33] 阮新波,严仰光. 脉宽调制 DC/DC 全桥变换器的软开关技术. 北京:科学出版社,1999.

[34] 廖志凌. 太阳能独立光伏发电系统关键技术研究. 南京:南京航空航天大学博士学位论文,2008.

[35] Li W H,Lv X D,Deng Y,et al. A review of non-isolated high step-up DC/DC converters in renewable energy applications of electrical engineering. APEC 2009,2009.

[36] 陈志英,阮新波. 零电压开关复合式 PWM 全桥三电平变换器. 中国电机工程学报,2004,24 (5):24-29.

[37] 阮新波,李斌. 零电压零电流开关复合式 PWM 全桥三电平变换器. 中国电机工程学报, 2003,23(4):9-14.

[38] Yang B, Lee F C, Zhang A J, et al. LLC resonant converter for front end dc/dc conversion. IEEE APEC,2002:1108-1112.

[39] Yang B, Chen R, Lee F C. Integrated magnetic for llc resonant converter. IEEE APEC, 2002,346-351.

[40] 陈中. 一种新颖的软开关双向 DCOC 变换器. 合肥:合肥工业大学硕士学位论文,2007.

[41] 朱成花,张方华,严仰光. 两段稳压软开关双向 Buck/Boost 变换器研究. 南京航空航天大学学报,2004,36(2): 226-230.

[42] Wang K,Lin C Y,Zhu L,et al. Bi-directional dc to dc converters for fuel cell systems. Power Electronics in Transportation,1998,47-51.

[43] Chan H L,Cheng K W E,Sutanto D. A novel square-wave converter with bidirectional power flow. Proc. IEEE PEDS,1999,966-971.

[44] Wang K,Zhu L,Qu D,et al. Design,implementation,and experimental results of bi-directional full-bridge DC/DC converter with unified soft-switching scheme and soft-starting capability. Proc. IEEE PESC,2000,1058-1063.

[45] Song Y, Enjeti P N. A new soft switching technique for bi-directional power flow, full-bridge dc-dc converter. Proc. IEEE IAS, 2002, 2314-2319.

[46] Chan H L, Cheng K W E, Sutanto D. ZCS-ZVS bi-directional phase-shifted DC-DC converter with extended load range. Proc. IEE EPA, 2003, 269-277.

[47] Himmelstoss F A. Analysis and comparison of half-bridge bidirectional DC-DC converters. Proc. IEEE PESC, 1994, 922-928.

[48] Jain M, Jain P K. A bidirectional DC-DC converter topology for low power application. IEEE Transactions on Power Electronics, 2000, 15(4): 595-606.

[49] Li H. Modeling and control of a high power soft-switched bi-directional DC/DC converter for fuel cell applications. PhD dissertation, the University of Tennessee, 2002.

[50] Li H, Peng F Z, Lawler J S. A natural zvs medium-power bidirectional DC-DC converter with minimum number of devices. IEEE Transactions on Industrial Applications, 2003, 39 (2): 525-535.

[51] Li H, Peng F Z. Modeling of a new ZVS bi-directional DC-DC converter. IEEE Transactions on Aerospace and Electronic Systems, 2004, 40(1): 272-283.

[52] Peng F Z, Li H, Su G J, et al. A new zvs bidirectional DC-DC converter for fuel cell and battery application. IEEE Transactions on Power Electronics, 2004, 19(1): 54-65.

[53] Chiu H J, Lin L W. A bi-directional DC-DC converter for fuel cell electric vehicle driving system. IEEE Transactions on Power Electronics, 2006, 21(4): 950-958.

[54] 张方华. 双向 DC/DC 变换器的研究. 南京: 南京航空航天大学博士学位论文, 2004.

[55] 许海平. 大功率双向 DC/DC 变换器拓扑结构及其分析理论研究. 北京: 中国科学院研究生院博士学位论文, 2005.

[56] 冒小晶. 基于 LLC 谐振变换器的高压母线变换器的研究. 南京: 南京航空航天大学硕士学位论文, 2012.

[57] Voltage regulator module (VRM) and enterprise voltage regulator-down (EVRD) 11. 1 design guidelines. by Intel, 2009.

[58] Yao K, Xu M, Meng Y, et al. Design considerations for VRM transient response based on the output impedance. IEEE Trans. on Power Electron. , 2003, 18(6):1270-1277.

[59] Wong P L, Lee F C, Xu P, et al. Critical inductance in voltage regulator modules. IEEE Trans. on Power Electron. , 2002, 17(4):485-492.

[60] Xu P, Wei J, F C. Multiphase coupled-Buck converter-a novel high efficient for 12V voltage regulator module. IEEE Trans. on Power Electron. , 2003, 18(1):74-82.

[61] Poon N K, Li C P, M H. A low cost DC-DC stepping inductance voltage regulator with fast transient loading response. IEEE APEC, 2001, 1:268-272.

[62] Yao K, Lee F C, Meng Y, et al. Tapped-inductor buck converter with a lossless clamp circuit. IEEE Applied Power Electronics Conf. (APEC), 2002:686-692.

[63] Barrado A, V́azquez R, Oĺias E, et al. Theoretical study and implementation of a fast transient response hybrid power supply. IEEE Trans. Power Electron. , 2004, 19(4):1003-1009.

[64] Xu P, Ye M, Jia X X, et al. The integrated-filter push-pull forward converter for 48V input

voltage regulator modules. CPES Seminar Proc. ,2001.

[65] 虞叶芬. 负载点电源(POL)瞬态响应性能的研究. 杭州:浙江大学硕士学位论文,2007.

[66] Wong P K,Xu P,Yang B,et al. Performance improvements of interleaving VRMs with cou-
pling inductors. IEEE Trans. on Power Electron. ,2001,16(4):499-507.

[67] Sun J L. Investigation of Alternative Power Architectures for CPU Voltage Regulators.
Blacksburg:Virginia Polytechnic Institute and State University,2008.

[68] Chung H,Ioinovici A. Generalized structure of bi-directional switched-capacitor DC-DC con-
verters. IEEE Transactions on Circuit and Systems,2003,50(6):743-753.

[69] Boris A,Yefim B,Adrian I. Switched-capacitor/switched-inductor structures for getting
transformerless hybrid DC-DC PWM converters. IEEE Transactions on Circuit and Sys-
tems,2008,55(2):687-696.

[70] Chen T M,Chen C L. Analysis and design of asymmetrical half bridge flybackconverter. IEE
Proceedings Electric Power Applications,2002,149(6):433-440.

[71] 徐立中. 微网能量优化管理若干问题研究. 杭州:浙江大学博士学位论文,2011.

[72] 石庆均. 微网容量优化配置与能量优化管理研究. 杭州:浙江大学硕士学位论文,2012.

[73] 陈昌松,段善旭,蔡涛,等. 基于改进遗传算法的微网能量管理模型. 电工技术学报,2013,
28(4):196-201,

[74] 杨佩佩,艾欣,崔明勇,等. 基于粒子群优化算法的含多种供能系统的微网经济运行分析.
电网技术,2009,33(20):38-42.

[75] 朱艳伟. 光伏发电系统效率提高理论方法及关键技术研究. 北京:华北电力大学博士学位
论文,2012.

[76] 郭香军. 粒子群算法的改进研究. 秦皇岛:燕山大学硕士学位论文,2012.